FRAGMENTS

L'HISTOIRE DE LA LIGNE D'ITALIE

A TRAVERS

LA VALLÉE DU RHONE

ET

LE SIMPLON

LETTRES, RÉCITS ET DOCUMENTS

6ᵉ SÉRIE

3ᵉ LIVRAISON

LIBRAIRIE HENRI GEORG

GENÈVE   BALE

10, CORRATERIE   PRÈS LA POSTE

1862

FRAGMENTS
DE L'HISTOIRE DE LA LIGNE D'ITALIE
A TRAVERS LA VALLÉE DU RHONE ET LE SIMPLON

6ᵉ SÉRIE
LUTTES INTESTINES DE CHEMIN DE FER

TROISIÈME LIVRAISON

TROIS LETTRES
A
UN AVOCAT DE BERNE
EN RÉPONSE

AUX DEUX LIBELLES
INTITULÉS

1° MÉMOIRE AU CONSEIL FÉDÉRAL SUISSE, par la Société des chemins de fer de la Ligne d'Italie, contre le GRAND CONSEIL et le GOUVERNEMENT DU VALAIS.

2° LETTRE AUX ACTIONNAIRES DE LA LIGNE D'ITALIE.

LIBRAIRIE HENRI GEORG
GENÈVE   BALE
10, CORRATERIE   PRÈS LA POSTE
1862

6ᵉ SÉRIE

DE L'HISTOIRE DE LA LIGNE D'ITALIE
LUTTES INTESTINES DE CHEMIN DE FER

3ᵉ LIVRAISON

TROIS LETTRES A UN AVOCAT DE BERNE

Première lettre: **Masques et profils des pamphlétaires de la Ligne d'Italie.**

Deuxième lettre: **Comptes fantastiques.**

Troisième lettre: **Escamotages et fourberies de l'autre monde.**

Les deux livraisons précédentes de la sixième série comprennent:

1° { Lettres au Conseil d'Etat du Valais
{ Lettre à M. le Président Allet.

2°   Trois lettres au Conseil fédéral.

Genève, Janvier 1862.

Supprimer la barrière des Alpes entre l'Italie et le reste de l'Europe, assurer l'exécution de la ligne ferrée la plus courte entre Paris, Milan et tout l'Orient, percer les Alpes au niveau de la plaine, — tels ont été, comme on le sait, les plans et le but qui ont présidé à la création de la *Ligne d'Italie.*

L'on comprend facilement quelle importance doit avoir pour la Suisse, l'Italie et la France, l'achèvement d'une si grande ligne internationale.

L'opinion publique se demandait avec juste raison comment cette question d'un si haut intérêt général pour l'Europe était restée stationnaire, pourquoi la ligne d'Italie n'est point exécutée au moins de chaque côté du Simplon.

Le récit des obstacles et des conflits intérieurs qui ont paralysé l'accomplissement de cette œuvre est consigné dans toute la sixième série de l'*Histoire de la Ligne d'Italie*, série intitulée *Luttes intestines de chemin de fer.*

Ce récit démontrera que l'inexécution jusqu'à ce jour de la Ligne d'Italie est due bien moins aux obstacles naturels du parcours qu'à la mauvaise volonté des hommes ; il démontrera aussi qu'il est plus facile de percer une montagne que de redresser de vieux arbres tortus, qu'il est plus facile de rassembler des millions que de forcer des *manieurs d'argent* à les bien employer.

Les souscripteurs d'actions et d'obligations ne s'étaient point trompés quand ils ont eu confiance en l'avenir de ce chemin de fer, et qu'ils l'ont considéré comme l'une des plus belles et des plus fécondes voies ferrées de l'Europe.

La Compagnie a reçu en argent trente-un millions, et, dans l'espace de cinq ans, elle n'a construit que soixante-quatre kilomètres. Cette lenteur volontaire dans l'exécution du chemin de fer et l'interruption des travaux depuis dix-huit mois, ont placé la Compagnie sous le coup de déchéances en Suisse, en Italie et en France.

Quels pouvaient être le but et les motifs d'une marche, ou plutôt d'une immobilité aussi étrange?

L'avenir le démontrera suffisamment, et c'est en vain désormais que les auteurs responsables voudraient refuser une réponse, une satisfaction, une justification aux sous-cripteurs, aux gouvernements ou devant les tribunaux!

Les fondateurs de la Compagnie remplissent un devoir en recherchant sur qui doivent peser les responsabilités des retards et des pertes de la société.

Il n'est pas, d'ailleurs, sans intérêt d'étudier quelles causes le plus souvent compromettent et ruinent les grandes affaires industrielles, comme les grandes associations politiques. L'analyse du cœur humain peut être pratiquée sur un seul sujet, comme les secrets et la marche des affaires peuvent s'apprendre dans l'examen d'une seule entreprise.

Il n'est pas inutile d'examiner comment des administrateurs, avec quatorze millions disponibles, maintiennent pendant dix-huit mois la suspension des travaux, bravent les déchéances, outragent le gouvernement qui tient dans ses mains l'existence d'une Compagnie; comment ils attendent la dépréciation des actions au quart de leur valeur pour demander aux deux tiers des associés de verser une somme qui ne vaudrait plus que la moitié après le versement, et cela par les fautes de ces mêmes administrateurs qui osent décréter l'exécution.

Il est juste d'examiner aussi pourquoi l'on a repoussé systématiquement toute transaction avec la majorité des premiers souscripteurs en retard, pourquoi l'on a voulu vendre à la fois dans une seule bourse les cinquante mille actions, alors que cette exécution, ou plutôt cette acquisition, par l'on ne sait quels spéculateurs, détruisait le capital social servant de base aux obligations passées comme au complément futur du capital indispensable.

Il peut devenir curieux de savoir comment cette tentative d'exécution a été risquée après l'Assemblée générale du 25 Septembre 1860, qui avait demandé avec énergie la démission des administrateurs, devenus les tyrans de l'association et, après l'Assemblée du 6 Juin, qui

avait réclamé avec indignation la révocation et l'expulsion
de ces tyrans au petit pied, aux grands ongles.

C'est à la suite de ces deux assemblées que la haine
des réprouvés a pris un caractère étrange contre les actionnaires et contre ceux qui voulaient les sauver.

Ils n'ont reculé devant aucun moyen.

Il s'est formé dans ce conseil des décemvirs une
coalition décidée à écarter ou à détruire les défenseurs dévoués des actionnaires, les partisans persévérants de l'a-
chèvement de la ligne.

Les tyrans ont mis en usage tout ce que peuvent ima-
giner la passion et la perfidie; ils ont fabriqué des pamphlets odieux, des dénonciations calomnieuses; ils ont
inondé la Suisse, la France et l'Italie de libelles qui atta-
quaient avec une extrême violence les gouvernements,
les actionnaires et les fondateurs.

Les actionnaires se sont placés sous la protection du
gouvernement homologateur des statuts, du gouvernement qui pouvait seul efficacement les protéger.

Ce gouvernement, après avoir en vain épuisé toutes
les ressources des avertissements, des conseils, des or-
dres, n'a rencontré que des résistances opiniâtres, des
mauvais vouloirs systématiques, des bravades, des outrages.

L'on sait comment l'Etat suisse, pour protéger les actionnaires et l'avenir du chemin, s'est trouvé dans la nécessité de recourir au séquestre par un acte législatif voté
à l'unanimité au Grand Conseil, et comment il a voulu
donner une nouvelle preuve de ses intentions bienveillan-
tes envers les actionnaires, en plaçant à la tête du séquestre les fondateurs si dévoués à l'achèvement de la
ligne et si indignement calomniés dans les libelles par la
majorité du Conseil, pour avoir défendu les souscripteurs.

Dans l'assemblée du 23 Novembre 1861, trois cents
voix, à l'unanimité, ont adressé leurs remerciements chaleureux au Gouvernement du Valais pour l'établissement
du séquestre. Dans une assemblée à Lyon, une pareille
unanimité a voté les mêmes remerciements.

Lorsque les applaudissements de ces assemblées m'ont
prouvé que nos efforts étaient appréciés, ma persévérance

s'est retrempée. Depuis deux ans je m'étais fait un devoir de donner sans trève toutes mes forces, tout mon temps, au salut des actionnaires, à l'achèvement du réseau. Mais, lorsqu'au milieu de ces assemblées, j'ai vu nos efforts si honorablement compris, j'ai senti grandir mon énergie et mon dévouement. J'ai renouvelé dans mon cœur la résolution de consacrer à ces résultats mon repos, ma santé, tout ce que je possède, aussi longtemps que le but ne serait pas atteint, aussi longtemps que mon concours serait réclamé. L'union si parfaite qui unit les membres du séquestre, et la haute et féconde protection du Gouvernement suisse ont rendu cette tâche plus facile.

Ma foi n'a point changé dans l'avenir de la Ligne d'Italie. Je crois à ses produits, je crois aux grands services qu'elle doit rendre à l'Europe, je crois au souterrain de plaine à plaine, je crois au concours des Etats, je crois à la réunion du capital complémentaire, et, pour le triomphe de cette foi inébranlable, je donnerais sans hésiter mon dernier écu, mon suprême effort, ma dernière goutte de sang.

Mais il faut avant tout écarter cette *administration inqualifiable*, si sévèrement jugée par le Message au Grand-Conseil; il faut écarter les adversaires de la construction du chemin, les exécuteurs implacables des cinquante mille actions, les accapareurs des ressources sociales.

Dans la situation de la Ligne d'Italie, ce ne sont pas les actionnaires ruinés qu'il faut exécuter; mais les mandataires, auteurs responsables de la dépréciation des titres, des millions gaspillés, de la crise actuelle.

Les actionnaires et le capital social ne sont pas la propriété des mandataires.

Ce n'est pas aux coupables à juger leurs victimes.

L'heure est donc venue de faire connaître toute la vérité.

Je trouve, à mon arrivée en Suisse, une véritable inondation de pamphlets, de libelles, jetés sous la porte de toutes les maisons, placés sur les tables de tous les salons. Ces brochures calomnieuses ont été soigneusement envoyées partout, et l'on a même commis l'inutile et infernale méchanceté de les faire parvenir à toutes les personnes de ma connaissance, de ma famille, de mon intimité.

Je connais les auteurs et les colporteurs de ces libelles; j'ai, par suite, le droit de faire la part qui revient à chacun dans la rédaction et le colportage de telles indignités.

En lisant ces diatribes, gonflées d'insinuations, d'invraisemblances, de contradictions, d'absurdités, je me suis plus d'une fois demandé si nous n'avions pas affaire à des fous dont la cervelle avait été troublée par des responsabilités, des mécomptes, des terreurs; ou si nous étions réellement en face d'imposteurs et de méchants qui ont toute la conscience de leurs mauvaises actions, qui sacrifient à des calculs privés l'achèvement et l'avenir de la Ligne d'Italie, qui abusent sans vergogne de leur mandat, qui poursuivent impitoyablement la ruine des souscripteurs trop confiants, qui jouent cruellement avec les souffrances, les chagrins, les désespoirs des familles, causés par la confiscation des six millions des actions non entièrement libérées, par l'anéantissement trop certain, après la déchéance, de neuf millions d'actions libérées, et par la réduction à la moitié, au quart, ou à rien, des obligations dans une liquidation; et qui, pour accomplir plus librement cette œuvre de désastre, combinent froidement l'empoisonnement moral et la disparition des défenseurs fidèles des actionnaires, des partisans inébranlables de l'achèvement de la ligne entière.

Lorsque je crois nos adversaires frappés de vertige, privés de leur raison, je voudrais ne combattre leurs actes dangereux et leurs sottes inventions que par les armes de la plaisanterie; et, en regrettant toutes vivacités échappées de ma pensée, je voudrais me borner à sécouer, sur leur tête ou à travers les emportements de leurs divagations, la marotte et les grelots qui devraient être leurs attributs et leurs joucts.

Mais lorsque je suppose qu'ils possèdent encore presque toute leur raison et qu'ils simulent la folie, la colère, pour le succès de leurs calculs privés, pour la satisfaction de leurs tristes ressentiments ou de leur étroite ambition, lorsque je les vois brûler de si beaux plans, renverser un si magnifique projet, je ne me sens pas toujours d'humeur à rire de leurs méchancetés, de leurs extravagances, ni résigné à me contenir dans les limites de l'ironie et du dédain.

J'ai fait les plus grands efforts pour rester modéré dans les *Trois lettres à un avocat de Berne;* à l'avocat signataire, par procuration, du libelle ouvertement avoué par les administrateurs congédiés de la Ligne d'Italie. Les personnes initiées aux secrets de l'histoire de cette Compagnie admettront sans peine que j'avais le droit d'être plus sévère, ainsi que je le prouverai s'il devient nécessaire de continuer la lutte.

Peut-on laisser de sang-froid détruire l'œuvre que l'on a créée, ruiner et massacrer l'armée que l'on a rassemblée?

Peut-on, sans combattre jusqu'à la dernière limite de ses forces, se résigner à voir apparaître toute sa vie devant ses yeux, comme Auguste s'écriant dans ses nuits après la destruction des légions de Varus par les Germains: «Qui me rendra mes légions?» le triste fantôme de tant de millions, de tant d'actionnaires, enrôlés pour une si grande et si féconde conquête, et si misérablement anéantis dans les embuscades des barbares?

L'attitude des assaillants, la persistance de leurs attaques, la fureur de leurs offenses, le mal qu'ils ont déjà fait, le mal qu'ils semblent vouloir faire encore, justifieront toujours auprès des gens de cœur l'indignation qui, dans ces lettres, déborde çà et là sous ma plume.

Cte Adrien de La Valette.

MASQUES ET PROFILS

DES

PAMPHLÉTAIRES DE LA LIGNE D'ITALIE

SOMMAIRE

Éloquence oblige. — *Vir probus discendi peritus.* — Signature risquée. — Un dossier doré sur tranche. — Piéces authentiques d'après le procédé Ruolz. Conjuration des Dix. — Tentatives d'empoisonnement. — Machinations et guet-apens. — Les avocats intègres et les mauvaises causes. — Droit de légitime défense. Le miroir magique. — Quels sont les avides, quels sont les agresseurs? — Plain-tes lamentables et fausses plaies étalées sur la voie publique. — La peur née du remords. — L'Hercule du Simplon. Les administrateurs peints par eux-mêmes — Un conseil de Peaux-Rouges. — S. M. Peau-Rouge Ier du nom. — Noblesse mystérieuse et petite envie de blason. — Touchantes doléances et bulletins de santé. — Les insultes aux absents et la course effarée. — Un portrait de fantaisie, l'agneau sans tache. — Le purgatoire sur la terre. — La patience de Job. — Le bâton épineux. — Un chef à la mer. — Succés diplo-matiques. — Un homme impossible. — La négation perpétuelle. — Le désintéresse-ment à l'enchère. — L'adorateur de Plutus. — Le faux bonhomme. Peau-Rouge II, ci-devant beau, gentilhomme demi-sang. — Le patron de modes. — L'héritier de Bayard sous bénéfice d'inventaire. — Nouveau système d'abnégation. — Les petits cadeaux entretiennent l'amitié. — La direction, s'il vous plait! — Le caracoleur. — Les exploits d'un faux ami, les armes des faux braves. Peau-Rouge III sur la sellette. — Odieux chantage. — Dénonciations et lettres anonymes. — Les égarements d'une langue de vipère — Le fiel des faux dévots. L'âme damnée de Peau-Rouge Ier. — Trafic de haine. — Une bouteille de poison payée sept mille francs. L'Egérie des Peaux-Rouges. — L'avocat des mauvaises causes. — Enragé procu-reur et faux actionnaire. L'homme de paille. — Le préposé aux archives secrètes. — Jérome Paturot dans le corps des *bravi.* — Faux capitaine, vrai capitan. Le chevalier des sauvetages. — Un élu sans suffrage. — Un faux administrateur. Le jockey loustic. — Le pique-assiette, dont la faim justifie les moyens. — La mouche du coche. — Un ci-devant conseil égaré par un faux aveugle. Clôture de l'exposition. — Catalogue végétal. — Conclusion morale: les loups ne peuvent garder les brebis.

PREMIÈRE LETTRE

A Monsieur N......., avocat, à Berne.

Monsieur,

Dans l'honorable carrière du barreau, que vous suivez; dans cette noble profession, l'asile de toutes les libertés, le rendez-vous des hautes intelligences, la protection de tous les droits, de toutes les justices, de toutes les vérités, il est bien rare que la loyauté ne soit pas la compagne du talent, que l'honneur ne soit pas le premier élément de l'éloquence, que la passion de la vérité ne soit pas le guide du savoir.

Le *Vir probus* a toujours été la première qualité de l'orateur, le plus solide argument de tous ses discours. La mauvaise foi, la chicane, les mauvaises causes n'ont jamais donné au barreau des succès glorieux, des réputations durables.

L'opinion publique vous classe, Monsieur, parmi les meilleurs avocats de Berne. Elle reconnait votre mérite oratoire; je ne saurais dès lors mettre en doute votre loyauté et je dois croire que votre honorable signature n'acceptera pas longtemps la responsabilité de certaines allégations, lorsqu'il vous sera démontré que ces allégations sont les plus absurdes et les plus odieuses des calomnies.

Vous ne nous connaissiez pas, vous connaissez encore moins l'histoire des chemins de fer de la Ligne d'Italie, et cependant vous avez signé un mémoire qui n'est qu'un libelle calomnieux contre l'ancien Président du Conseil d'État du Valais, mon collègue M. Claivaz et contre moi; un libelle dans lequel la fausseté, l'imposture, l'invraisemblance, sont stéréotypées à chaque page mentionnant notre nom.

Votre mémoire, Monsieur, le mémoire signé par vous au nom des anciens administrateurs de la Ligne d'Italie, est la reproduction d'une partie d'un autre libelle immonde répandu à profusion par eux avec une signature qu'ils ont achetée, d'un libelle qu'ils avaient d'abord fait imprimer sous l'anonyme et qui, en ce moment, est déféré à la police correctionnelle.

Ce libelle intitulé *Lettre aux Actionnaires*, que je trouve distribué dans toute la Suisse, est dans votre dossier, je le sais. Il pouvait vous suffire pour former votre conviction sur le caractère de vos clients, sur la nature et le but de leurs attaques.

Si vous aviez eu le temps, avant de signer le mémoire, de lire attentivement ce libelle, d'étudier votre dossier tout entier, de réfléchir quelque temps sur les pièces elles-mêmes fournies par vos clients, vous auriez acquis la facile conviction de l'absurdité de leurs calomnies et vous auriez certainement refusé la mission qui vous était donnée; car nous ne pouvons supposer que les cinq premières pièces du dossier, légalisées à la Banque de France, aient pu rendre inutile tout examen et vous faire adopter sans contrôle les allégations les plus risquées, les assertions les plus erronées, les pamphlets les plus suspects.

Cinq mille francs escortant un dossier ne peuvent changer

la valeur des faits, la portée des arguments et la nature des documents qu'il renferme.

Cinq mille francs ne peuvent modifier la Constitution fédérale, les pouvoirs souverains des Cantons, les droits des actionnaires, les véritables intérêts de la Ligne d'Italie; ils ne peuvent changer aussi les opinions précédemment émises par vous-même sur les rapports entre les Cantons et les Compagnies de chemins de fer.

Cinq mille francs ne vous auraient certainement pas fait signer sciemment des mensonges, des absurdités, des calomnies.

Il ne suffit pas qu'un livre soit doré sur tranche pour être le livre d'or de la vérité.

Vous avez cru à l'honorabilité, à la sincérité de vos correspondants de Genève, de vos clients de Paris; dans une précipitation que justifiait peut-être une urgence signalée à dessein, vous avez adopté avec confiance toutes leurs allégations imprimées ou écrites, et, ne connaissant pas les passions mauvaises, les calculs honteux, les basses vengeances entassés et fermentant dans votre dossier, vous n'avez pu supposer que huit à dix personnes se coaliseraient contre deux, et dépenseraient des centaines de mille francs appartenant aux actionnaires, pour faire à ces deux personnes une guerre qui semble devoir ne reculer devant rien, pas même devant le crime, — ce mot n'a rien d'exagéré après ce qu'elles ont fait, d'après ce que vous saurez bientôt.

Qui pourrait en effet soutenir que la tentative d'empoisonnement moral, la calomnie longuement et laborieusement concertée, cette lâche attaque contre l'honneur avec préméditation et guet-apens, cette blessure faite dans l'ombre à la réputation, cette blessure empoisonnée qui peut donner la mort ou consommer la ruine d'une famille, ne rend pas aussi coupable, aussi criminel que le coup de couteau donné par l'ouvrier ou le matelot dans un moment d'emportement ou de jalousie?

Vous ne pouviez supposer que vos clients de Paris voudraient vous rendre dupe des inventions les plus invraisemblables, des mensonges les plus grossiers, des imputations les plus déraisonnables. Il arrive si souvent d'ailleurs que le vrai n'est pas vraisemblable, et lorsque la défiance n'est pas éveillée, il est si naturel d'admettre même l'impossible sur la foi de plusieurs affirmations concertées.

Eh bien, Monsieur, lisez avec une sévère attention toutes les pièces de votre dossier, en oubliant quelque temps les cinq premières, les seules bien authentiques; comparez les dates, rapprochez les faits, voyez les conclusions que l'on tire. Peu à peu l'énormité des impostures, la méchanceté des suppositions, l'audace des impossibilités porteront la lumière dans votre esprit sur les moindres détails; et votre cœur, certainement à la hauteur de votre talent, se soulèvera de dégoût contre cette œuvre d'iniquité, contre cette abominable tentative d'empoisonnement moral, plus coupable peut-être que certains crimes déférés aux assises. Lorsque vous aurez pris vos renseignements, vous saurez, Monsieur, apprécier tout l'odieux de ces attaques sans cause et sans provocation contre deux hommes qui ont rendu quelques services à la Suisse, en dotant, malgré toutes les difficultés et par huit années de persévérance, de fatigues, le canton du Valais, d'une voie internationale qui sera, pour ce pays, comme pour la France et l'Italie, une source de prospérité.

L'un de ces hommes est un ancien président du Conseil d'Etat du Valais qui jouit dans toute la Suisse d'une sympathie et d'une estime universelles. Demandez à tous les partis dans le Valais, depuis le lac de Genève jusqu'au pied du Simplon; demandez-le à tous les hommes publics de la Suisse française ou allemande, demandez à Berne: l'on vous dira que M. Maurice Claivaz a toujours été considéré comme un véritable type de l'honneur et du patriotisme.

L'autre est un écrivain politique qui a laissé dans la presse française quelques souvenirs de sympathie, difficiles peut-être à oublier. Si vous consultez en France les hommes d'Etat, les publicistes, ils vous diront que M. Adrien de La Valette a quitté la carrière politique en emportant aussi l'estime de tous les partis, ils vous diront que, dans les événements et les luttes qui ont suivi 1848, il était toujours prêt à donner sa vie pour le triomphe de ses convictions, pour la défense de l'ordre social, comme il donne aujourd'hui, sans hésitation, son repos, ses forces, sa fortune pour le salut des actionnaires qui ont eu confiance dans ses plans de la ligne d'Italie.

Contre ces deux hommes, Monsieur, les coalitions des ressentiments et des intérêts pourront bien entasser des calomnies, organiser des complots, répandre des mensonges; ils ne pourront jamais prouver une mauvaise action, un acte indélicat.

Dans les luttes les plus ardentes de leur vie politique passée, ils n'avaient jamais rencontré de semblables haines, de tels
adversaires; vous ne devez pas être surpris que l'indignation
déborde quelquefois de leur cœur, vous ne devez pas être étonné
que cette indignation se soit manifestée quelquefois sévèrement
en présence d'attaques inqualifiables.

Oui, Monsieur, prenez vos renseignements, étudiez attentivement tous les documents authentiques, mettez chaque pièce en
ordre, ne consultez que vos impressions, et vous n'aurez besoin
d'aucune autre réfutation, et vous approuverez l'indignation que
nous ressentons, que nous manifestons au sujet des calomnies
si gratuitement et si méchamment formulées contre nous.

Pour faciliter votre étude, il n'est pas inutile que vous connaissiez les acteurs de cette lutte si funeste aux actionnaires
et à tous les intérêts engagés dans la *Ligne d'Italie;* il n'est pas
inutile que vous connaissiez tous les personnages de ce drame
assez compliqué, très perfidement ourdi et beaucoup trop long,
mais dont le dénoûment est prochain, il faut du moins l'espérer.

Dans un procès important, M. Paillet, l'une des gloires de
notre barreau français et l'un des plus beaux caractères du palais, avait donné toutes les ressources de son talent à la cause
qu'il défendait devant la cour; l'avocat adverse, M. Belloc,
fit briller à ses yeux la vérité par son argumentation et les
pièces à l'appui. Mᵉ Paillet se leva tout à coup, prit son dossier
sous son bras, se tourna vers ses clients, avec ces mots: «Vous
ne m'aviez pas dit la vérité» et se retira immédiatement. M.
Belloc s'arrêta dans sa plaidoirie; les clients de l'illustre et
intègre M. Paillet avaient perdu leur procès.

Lorsque vous connaîtrez vos clients et les mensonges qu'ils
vous ont fournis, ils auront perdu leur procès devant vous,
comme ils l'ont aussi perdu devant l'opinion publique, devant
l'assemblée du 25 Septembre 1860, dans celles des 6 Juin et
23 Novembre 1861; comme ils l'auraient encore perdu devant
l'assemblée générale du 5 Décembre, qu'ils ont fait tous leurs
efforts pour ajourner, parce qu'ils savaient avoir contre eux
dans cette assemblée générale quatre fois plus d'actions qu'ils
n'en avaient réuni dans la fausse assemblée du 28 Septembre,
— et cela, malgré leurs prodigalités calomnieuses pour étouffer la vérité, pour empêcher les dépôts.

Je n'aime point les personnalités, surtout dans les questions d'intérêt public comme dans les luttes politiques; elles devraient y rester complétement étrangères, et je regrette profondément que mes adversaires m'aient placé dans la triste nécessité de parler des personnes.

En lisant le mémoire que vous avez signé, il est à remarquer que les personnalités contre M. Claivaz et contre moi occupent les deux tiers de ce pamphlet. On y constate en effet quarante pages d'attaques personnelles. Si j'avais à rendre à chacun de mes adversaires la justice qui lui est due, en doublant seulement la mesure qui revient à chacun, conformément au droit de réponse, — ils sont une dizaine de principaux auteurs ou de comparses, — ce serait un mémoire de 800 pages que j'aurais à vous faire lire. Si je voulais répondre dans les mêmes proportions au premier libelle contenant 50 pages de personnalités, ce serait mille pages de plus à vous imposer. Un in-folio ne serait pas trop long pour leur dire leurs vérités en échange de tant de mensonges; mais rassurez-vous, je me bornerai à de courtes et légères esquisses, je n'entrerai pas comme eux dans la vie privée. Je ne rappellerai pas comment plusieurs d'entre eux ont égayé et entretenu tout Paris de leurs mésaventures. Je ne fouillerai pas les mystères de leur naissance, les douleurs de familles. Je ne pénétrerai pas dans les secrets du ménage. Je ne raconterai pas leurs ennuis privés, leurs petites histoires, et tous les grands désagréments qu'ils ont plus d'une fois déjà essuyés par suite de leurs malheureuses habitudes de mensonges, de calomnies et d'impudence.

Je resterai dans les limites de la plus légitime défense, et vous le verrez bien, les verités que je choisis entre toutes sont de simples réponses à leurs attaques. Vous reconnaîtrez que c'est en se plaçant devant un miroir qu'ils ont certainement trouvé les principaux traits de leurs charges calómnieuses.

Les adversaires, dans leur brochure, dans leurs conclusions, leurs lettres anonymes, leurs plaidoiries, représentent les deux fondateurs de la Ligne d'Italie comme des hommes avides, stipulant à leur profit des avantages énormes et pratiquant de honteuses manœuvres, d'illicites participations, pour satisfaire à cette avidité insatiable; et il se trouve que tous les avantages résultant de tous les risques courus et de huit ans de travail se bornent à quelques actions qui, grâce aux entraves apportées dans l'exécution de la ligne et à de vains efforts pour le bon emploi des millions de la Compagnie, ne valent peut-être pas ensemble les cinq mille francs déposés dans votre dossier.

Il n'en est point ainsi pour les autres administrateurs.

Vous verrez comment ils ont trouvé moyen de s'emparer sans fatigues, sans risques, du plus clair des bénéfices des concessions, et par quels emportements désordonnés ils se sont précipités dans tous les hasards de cette lutte désastreuse; quand vous lirez le bilan des pertes subies, vous saurez ce que coûte à la Compagnie cette avidité de bénéfices, de places, de jetons de présence et de spéculations de bourse que leur reprochent les actionnaires.

Ils ont représenté l'un des fondateurs comme ayant un caractère violent, insociable, montrant une volonté intraitable, ne cédant jamais et substituant la force matérielle aux arguments, et, dans leurs doléances publiques, ils n'ont pas réfléchi qu'ils se couvraient de ridicule, qu'ils perdaient tout sentiment de dignité personnelle, qu'ils justifiaient par leur tenue la qualification de calomniateurs qui leur était donnée.

L'opinion publique, en écoutant leurs lamentations, a dû penser que la calomnie devait être, dans cette lutte, l'arme favorite de ceux qui faisaient publiquement si bon marché de leur dignité.

Les anciens administrateurs perdent leur temps et se compromettent de plus en plus en se donnant pour des victimes malmenées et inoffensives.

L'assemblée générale du 25 Septembre 1860, dans laquelle ils provoquaient une réprobation unanime et, en présence des représentants du Gouvernement du Valais, se faisaient expulser violemment par la force armée, par le commissaire de police qu'ils avaient eux-mêmes amené; l'assemblée du 28 Septembre 1861, dans laquelle ils faisaient jeter dans la rue le Message et l'Arrêté du Grand Conseil du Valais, suffiraient seules pour faire apprécier la convenance et l'aménité de leurs habitudes.

Mais lorsqu'on lit leurs écrits, leurs pamphlets, leurs libelles, lorsque l'on prend connaissance des procès-verbaux du Conseil et du Comité, l'on comprend combien les rapports ont toujours été difficiles avec eux, combien ils étaient devenus impossibles; combien ce manque d'éducation, de convenances, de véracité, de formes parlementaires dans les habitudes de

M. Monternault, ces manœuvres d'intérêt, ces concerts de calomnies, d'attaques, ont pu déterminer parfois au sein de la Compagnie, des démonstrations de mécontentement à l'adresse des administrateurs.

Mais faut-il croire pour cela tous les récits exagérés de ces scènes intimes colportés par les anciens administrateurs? Vos clients parisiens sont venus se plaindre devant les tribunaux de Genève et de Paris qu'ils avaient reçu sans provocation des soufflets, des coups de canne; qu'on leur avait donné le gant au visage ou des coups de pied ailleurs, le tout escorté de nombreuses provocations. Bien plus, ils ont porté une plainte au parquet; une ordonnance de non-lieu a fait justice sommaire de ces plaintes concertées et des administrateurs coalisés qui les avaient dressées.

L'opinion publique s'est montrée plus indignée, plus sévère pour de telles doléances.

En effet, était-il admissible que des administrateurs grands, vigoureux, ayant pour la plupart porté l'épée, l'un d'eux appartenant au Jockey-Club, où l'on ne transige pas sur le point d'honneur, auraient essuyé de pareils outrages, de semblables corrections plus difficiles, certes, à effacer qu'une calomnie, et surtout qu'ils les auraient reçus sans les plus graves motifs?

Etait-il admissible qu'un seul administrateur, assez connu pour ses formes parlementaires, pour ses habitudes courtoises, fût dans le Conseil d'Administration un sauvage d'une force herculéenne, battant chaque jour un Conseil de huit à neuf membres? Et les huit membres se laissant battre aussi régulièrement, aussi patiemment? Suffisait-il, après la plainte avortée, de solder à grands frais des gardes aux siéges administratifs de Paris et de Genève? de faire même entrer ces gardes dans le salon du Conseil, pour persuader que la force armée était seule capable de défendre la faiblesse de huit hommes réunis contre la force athlétique d'un seul administrateur, quelque justement exaspéré qu'il fût par les plus lâches calomnies?

On lit dans votre mémoire que M. de La Valette « s'est permis les plus violentes injures, tant contre M. le colonel fédéral Barman que contre les différents autres membres du Conseil d'administration, et qu'il s'est porté même à des voies de fait contre M. *de* Monternault. »

A qui donc veut-on faire croire en Suisse et dans le monde

diplomatique à Paris, que M. le colonel Barman aurait reçu et
accepté philosophiquement les plus grossières injures? Quant
à M. Monternault, puisque d'aussi étranges attaques obligent
de traiter dans tous.les sens, par devant et par derrière, du
haut en bas, des sujets aussi peu dignes d'attirer l'attention
publique, j'y reviendrai.

Vous ne, connaissez pas encore M. *de* Monternault, je vais
vous le présenter; ce n'est pas ma faute, si je ne sais pas dans
cette présentation exprimer pour lui plus de sympathie qu'il
n'en inspire en se montrant.

Si vous étudiez sérieusement cette affaire, vous verrez,
Monsieur, quels sont les provocateurs dans ces tristes conflits,
et vous n'admettrez pas qu'il suffise de chercher le mystère,
de signer le moins possible des pièces et des actes, pour être
désintéressé; qu'il suffise de garder l'anonyme pour ne pas
avoir la responsabilité des calomnies; qu'il suffise de toujours
nier, et se lamenter pour démontrer que l'on n'a point provoqué.

Mais il faut enfin que je commence l'exhibition des portraits de cette galerie de calomniateurs. Vous le voyez, ma
répugnance est vive, ma plume se refuse à des personnalités,
il me semble qu'elle cherche tous les prétextes pour se soustraire à ce devoir de la défense. Ce n'est pas moi qui ai tiré
le premier, qui ai rendu la riposte nécessaire. Mes armes du
moins seront loyalement chargées.

Le dernier administrateur entré dans la Compagnie et
aussitôt enrégimenté, bien entendu, dans la majorité qui l'a-
vait recruté, ne put s'empêcher, dès les premières séances, de
trouver tout au moins étrange le spectacle des luttes, des attaques, dont il était le témoin, et il caractérisa son opinion
par un seul mot : « C'est un conseil de Peaux rouges, auquel
je viens d'assister. »

Il avait, en effet, trouvé dans ce Conseil deux partis en
présence: le parti qui voulait l'exécution des engagements envers l'Etat, envers les souscripteurs, l'achèvement de la ligne
entière, qui voulait aussi la protection, le salut pour tous les
intérêts engagés dans la Compagnie; le second parti qui avait
empêché depuis seize mois la reprise des travaux, qui avait
donné l'ordre à l'ingénieur en chef de ne faire aucuns travaux
dans le Haut-Valais, qui bravait la déchéance en Suisse, en
Italie et en France, et qui, dans ces déplorables conditions,

voulait exécuter à la Bourse, dans un seul jour, les deux tiers des actionnaires : cinquante mille actions invendables [1].

A l'arrivée de ce nouvel administrateur, il n'y avait de présent au Conseil qu'un seul représentant du premier parti : le vice-président de la Compagnie. MM. Claivaz et Zen-Ruffinen se trouvaient alors en Suisse. M. William Austin était reparti pour l'Angleterre; tous les sectateurs du second parti étaient bien présents.

Et cependant, le nouvel arrivé disait : « c'est un conseil de *Peaux rouges;* » l'on comprend dès lors à qui peut légitimement appartenir la qualification de Peaux rouges; n'est-ce pas à ces ennemis acharnés, à ces sauvages exécuteurs des actionnaires, à ces forcenés tous groupés en cercle pour scalper et manger en ricanant le seul représentant alors présent du parti qui veut l'exécution du chemin, le salut des actionnaires?

Voyons donc l'exhibition de cette galerie de Peaux rouges si bien caractérisés par la nouvelle recrue, encore vierge de tous méfaits.

Ne faut-il pas commencer par le grand *chef* du conseil des Peaux rouges, par le président actuel? A tout grand chef, tout honneur : c'est M. Monternault.

Quelques sujets complaisants, quelques avocats délégués et sous-délégués l'appellent M. *de* Monternault.

Quant au *de* nobiliaire que lui ont décerné ces quelques partisans, j'ai entendu dire par l'un d'eux que l'on saurait bientôt comment il avait caché jusqu'à présent la noblesse de son nom par modestie. Ils ne m'ont pas appris en même temps si c'est aussi par modestie qu'il nous a toujours caché la noblesse du cœur, celle qui marche toujours au premier rang et que personne ne songe à contester.

Bien que M. Monternault se soit permis dans le libelle Mercier, avant et après, de contester longuement et avec affectation à M. de La Valette sa noblesse et jusqu'à son nom, tout en donnant dans le libelle même, par des citations d'actes incomplètes, la preuve évidente de l'existence de ce qu'il contestait, je suis prêt, s'il le désire, à lui accorder le *de* nobiliaire, surtout s'il veut bien l'accompagner de cette noblesse

[1] Les actionnaires ont dit dans une assemblée quels pouvaient être les seuls acquéreurs des actions.

du cœur, qui est de tous les pays et de toutes les classes sociales [1].

M. Monternault a entretenu le public et les tribunaux de voies de fait qu'il aurait subies, il a traîné dans des procès-verbaux de séances ne contenant que ses dires, dans des mémoires devant les arbitres, au parquet et devant toutes les juridictions, des joues qu'il disait endolories ou endommagées. Une ordonnance de non-lieu a fait justice de ses plaintes.

Il devrait bien enfin avoir la pudeur de ne pas faire trompetter à tous les carrefours d'aussi tristes misères de la vie privée; toutes les mésaventures rêvées ou réelles que le manque d'éducation, les outrages pour des amis absents, peuvent attirer à M. *de* Monternault intéressent très-peu le public; qu'importe que les anciens administrateurs se prétendent, dans le Conseil, au régime de tous les gestes expressifs prodigués dans les pantalonnades, et qu'ils donnent devant les tribunaux ou dans les libelles le bulletin de leur santé par suite de ce régime?

Mais cependant conseillez-lui, Monsieur, de ne jamais attaquer les absents trop insolemment en présence de leurs amis; conseillez-lui de mettre plus de convenance dans ses formes, plus de modération dans son langage. Sans cela, il pourrait encore lasser la patience la plus éprouvée et par suite être saisi de terreur panique, rêver bottes, soufflets et cannes, puis, dans sa terreur, courir comme un cerf effaré au risque

---

[1] Attendu que, dès le début du pamphlet, les susnommés accusent d'abord M. le comte Adrien de La Valette d'avoir usurpé le nom qu'il porte, première calomnie qu'ils maintiennent dans toutes les pages de la brochure et par laquelle ils montrent leur mauvaise foi aussi puérile que maladroite.

En effet,

1° Dans les prétendues pièces justificatives imprimées par eux, ils enregistrent eux-mêmes un titre de noblesse assez explicite, tout incomplet et falsifié qu'il est, et un acte de naissance portant en toutes lettres le nom contesté, leur prétention étant sans doute qu'on n'a pas le droit de porter le nom sous lequel on a été inscrit à sa naissance, et le titre de Comte enregistré dans l'acte de naissance de son père, antérieurement à 1789.

2° Les accusateurs, membres du Conseil déchu, avaient pris depuis longtemps connaissance de lettres et de pièces nombreuses établissant que MM. Emmanuel et Adrien de La Valette possédaient d'une manière incontestable le titre et le nom qu'ils portent, et que leur grand-oncle, feu l'archevêque d'Auch et leur cousin l'évêque du Puy, appartenaient tous les deux à la famille des La Valette Morlhon, formant depuis plusieurs siècles la branche aînée et la souche de toutes les autres branches de La Valette;

3° Ils savaient que M. le comte de La Valette père, capitaine attaché à l'état-major du général de Bourmont (en 1815), lorsque celui-ci commandait l'armée du Nord après Waterloo, avait reçu plusieurs lettres du général au capitaine, portant ce titre de Comte, si maladroitement contesté aujourd'hui par le fils, M. le comte Charles de Bourmont.

d'enfoncer les portes, de briser les cloisons, de se heurter la face et de faire jusque dans la rue un saut d'Isar, un bond de balle élastique. Comment voulez-vous, Monsieur, que le public s'intéresse au régime disciplinaire de M. Monternault, à la décroissance ou bien au progrès de l'embonpoint de M. *de* Monternault? Le public n'a pas, croyez-le, Monsieur, de bien vives sympathies pour cette catégorie de malades.

Les flatteurs qui, depuis quelque temps, vivent aux dépens.... des actionnaires, se sont efforcés de représenter M. Monternault comme un homme inoffensif, d'humeur facile, bon, loyal, délicat, aimant la paix, surtout la vérité, de formes douces, polies, avec lequel il est aisé de vivre; un homme intègre, désintéressé, auquel on peut confier aveuglément les millions de la Compagnie, son administration, son avenir, avec la certitude qu'il saura toujours sacrifier à la chose sociale sa personnalité, ses affaires privées, ses intérêts de famille.

Comment l'ancien président du Conseil d'Etat du Valais et le vice-président de la Compagnie n'ont-ils pas fait bon ménage dans le Comité de Direction avec ce gracieux collègue, ce charmant Directeur, ce facile camarade?

Quelle que soit notre répugnance à répondre à ces reproches et à vous enlever peut-être un reste d'illusion sur le grand chef, il faut bien que je réponde aux attaques des Peaux rouges.

J'aimerais mieux aborder un autre ordre d'idées, je vous assure.

Monsieur, j'aime la sculpture avec passion, l'architecture avec amour. Quand je pense que sans M. Monternault et ses lieutenants je serais en ce moment dans mon atelier à faire une statue, à composer mes dessins de bas-relief et d'architecture, à créer des maquettes; quand je pense que sans M. Monternault et ses amis les chemins de fer de la ligne d'Italie seraient maintenant terminés, et que je pourrais me livrer à mes goûts d'artiste ou d'écrivain! Quand je pense qu'au lieu de sculpter tranquillement, dans mes heures de repos, quelque cariatide, quelque Galathée, j'en suis réduit à me défendre contre des calomnies, à vous faire l'exhibition de si tristes modèles, aussi laids peut-être et plus mal bâtis encore que leurs calomnies!

L'on reproche amèrement aux deux Directeurs de n'avoir jamais pu vivre avec M. Monternault ; n'en croyez que la moitié, Monsieur.

Nous avons tenté pendant trois ans des efforts surhumains pour maintenir cet accord; et, certainement, si l'on peut faire son purgatoire sur la terre, ces trois années équivaudront à cent ans d'indulgences, elles devront racheter bien des péchés.

Après ces trois années, Monsieur, de sacrifices faits au succès de la ligne d'Italie dans la compagnie de M. Monternault, l'on pourrait, je vous assure, donner pour épouse à M. Claivaz ou à moi la femme de Socrate ou de Job. Elle serait regardée comme une ange.

Vous n'avez jamais voyagé, Monsieur, en omnibus se dirigeant sur la halle, en rotonde de diligence dans le Limousin? Eh bien, faites cette expérience, et vous saurez combien certains patients de ces omnibus, de ces rotondes, doivent désirer le terme de la course, la fin du voyage.

Jugez, Monsieur, ce qu'il peut résulter de froissement avec de telles formes, escortées souvent de mauvaise humeur, de dissidences, de négation perpétuelle, d'oubli ou de dédain constant de la vérité; jugez combien l'accord peut être facile avec l'opposition systématique et l'emploi de petites surprises, de petits guets-apens, de petits piéges, escortés de tant d'autres petites choses, de tant d'autres petits désagréments!

Quelle patience surhumaine ne fallait-il pas aux deux Directeurs pour vivre à côté de ce bâton épineux, sans avoir de temps en temps l'envie de le jeter dehors par la porte ou par la fenêtre!

Croyez-vous par hasard, Monsieur, que les deux directeurs fussent les seuls à porter sur leurs épaules avec une complète satiété ce fagot d'épines, cette outre de vanité, ce ballon d'outrecuidance, cette amphore de vitriol?

Demandez à tous les nouveaux administrateurs, associés cependant de M. Monternault et marchant sous son commandement, s'ils ne le proclament pas impossible, s'ils ne veulent pas à tout prix s'en débarrasser, le jeter par-dessus le bord.

Permettez-moi de vous citer deux épisodes de sa première entrée en Suisse, un an après la formation de la Compagnie: l'un de ces épisodes se passe à Genève, l'autre à Sion.

A Genève, M. le président Fazy, l'un de nos collègues d'administration, nous faisait l'honneur de dîner avec nous: M. Monternault fit si bien après le dîner avec ses formes blessantes, ses allures de mauvais ton, qu'une véritable tempête surgit d'une discussion, et que M. Fazy sortit précipitamment du salon en jetant sa démission à la tête de M. Monternault.

Cette leçon ne servit de rien à M. Monternault, et, en continuant le voyage, il poursuivit le cours de ses exploits de politesse, de bonne éducation et de déférence pour les plus hauts magistrats d'un pays.

C'était la première fois qu'il se présentait dans le Valais, M. Monternault avait à son tour l'honneur d'être invité à dîner par les membres du Conseil d'Etat, et le dîner n'était pas achevé que le Président, répondant à des paroles inconvenantes, lui disait sévèrement: « Après le langage que vous venez de tenir, Monsieur, il est inutile que vous vous présentiez demain au Conseil d'Etat; vous n'y seriez pas reçu. Nous étions accoutumés à des rapports de loyauté et de convenance avec MM. de La Valette et Claivaz. Il nous est impossible de tolérer votre manière de penser et d'agir.»

Devant les actionnaires à l'assemblée générale du 25 Septembre 1860[1], l'on a pu se rendre compte des difficultés de toute nature que l'on devait trouver dans les rapports avec M. Monternault, les assistants se rappelleront longtemps l'attitude opiniâtre et plus qu'étrange de ce mandataire vis-à-vis des actionnaires et des représentants du Gouvernement au 25 Septembre.

Dans le Conseil d'administration, dans le Comité de Direction, il est facile de constater par les procès-verbaux mêmes et par des témoignages irrécusables, combien il fallait de patience pour tolérer les habitudes et les infirmités de M. Monternault, son perpétuel *non* ne respectant pas même l'évidence, ses dires intéressés respectant moins encore la vérité, son manque d'éducation première ne respectant aucunes convenances [2].

Combien de fois l'ancien président du Conseil d'Etat du Valais, membre du Comité de Direction, en sortant des séan-

---

[1] Voir le procès-verbal officiel de l'assemblée générale du 25 Septembre 1860 (Document curieux).

[2] Un seul fait suffit pour apprécier le niveau de l'éducation première de M. Monternault.

Il avait été présenté à une femme appartenant au meilleur monde par sa famille, son éducation, son caractère, son esprit: il avait dîné à sa table, il lui devait des égards à plus d'un titre, car cette femme portait le nom d'un de ses

ces du Comité où toutes solutions devenaient si difficiles, où tout était continuellement ajourné par l'opposition systématique de M. Monternault, par son appel perpétuel au Conséil, n'a-t-il pas dit souvent : « Rien n'est possible avec cet homme ; il ne dit jamais la vérité. Il lasse la patience la plus éprouvée ; il paralyse les volontés les plus actives ; il sacrifie tous les intérêts, tout l'avenir de la Compagnie aux préoccupations de sa vanité, à ses calculs privés, aux entraînements du népotisme. »

Que l'on consulte tous les employés de l'administration ; que l'on recueille leur opinion en dehors des bureaux, ils diront tous : « M. Monternault a été le fléau de la ligne d'Italie. S'il y reste, il en causera inévitablement la ruine. »

Personne ne conteste à M. Monternault l'instinct de la chicane, la science de la procédure, l'intelligence des petites ruses machiavéliques.

Personne ne lui conteste le maniement de la parole, surtout dans les conditions où elle a été donnée à l'homme d'après un illustre continuateur de Machiavel « pour déguiser la vérité.» Personne ne lui conteste encore l'habileté des petits moyens, le soin des détails ; mais personne aussi, en dehors de ses flatteurs, ne lui reconnaîtra le don facile des calculs compliqués, le sentiment élevé des grandes idées, l'intuition rapide des combinaisons d'avenir. Personne en dehors de ses flatteurs ne lui reconnaîtra l'humeur facile. M. Monternault ne connait pas l'italien, point davantage l'anglais, encore moins l'allemand, et s'il n'a jamais dit dans sa vie un *si*, *yes* ou *ja*, il n'a jamais su davantage prononcer le *oui* français ; mais il saurait dire *non* dans toutes les langues.

M. Monternault est la négation perpétuelle, l'entrave incarnée, l'ajournement systématique, et ce n'est pas en vain que

collègues. Il la rencontre un jour dans l'escalier de l'Administration, se croise avec elle, et, sans même la laisser passer, il porte deux doigts au bord de son chapeau, lui fait un petit signe de tête accompagné d'un sourire protecteur, et poursuit son chemin. L'on crut d'abord à une distraction ; même rencontre dans l'escalier ou ailleurs, même petit geste au bord du chapeau, même sourire et même petit salut bienveillant.

L'on s'imagine facilement quels rires doivent toujours accompagner le souvenir et le récit très-véridique de ce sourire protecteur, de ce salut à la Monternault.

L'homme se peint dans ces petits détails ; tout le savoir-vivre de M. Monternault est de la dimension de ce salut.

depuis tant d'années déjà il est surnommé « le bâton...épineux. »

'Est-il du moins un homme désintéressé, sacrifiant tout à l'intérêt social, incapable d'avidité, ennemi des spéculations de bourse? Vous en jugerez.

Ne se montre-t-il pas bien imprudent lorsqu'il fait imprimer et distribuer, à propos des huit mille actions réservées au Valais, que le fondateur de la Compagnie avait « la pensée d'un gain illicite, honteux?» Ne se montre-t-il pas bien maladroit lorsqu'il incrimine le prix de la concession, et qu'il appelle des *conventions verbales* du nom *de traités secrets* [1]; lorsqu'il se rend complice de toutes les calomnies des libelles?

M. Monternault a vendu à M. de La Valette *quarante mille francs* son concours désastreux d'entraves, d'attaques, d'oppositions, de calomnies.

Il a touché ces quarante mille francs en argent de M. de La Valette, et il a encore exigé de lui dix autres mille francs qu'il a reçus en actions. N'était-ce pas payer un peu cher un pareil concours?

Vous le voyez, Monsieur, le concours, les attaques et les poisons de M. Monternault n'ont pas été donnés gratis aux victimes des libelles, aux empoisonnés, aux fondateurs de la Compagnie qu'il fallait à tout prix *accuser de la rage*, pour rester maître du terrain, pour désarmer la bergerie!

N'est-il pas aussi assez curieux d'entendre le spéculateur le plus assidu de la Bourse, qui, tous les jours religieusement, passe trois heures au temple de l'agiotage, en prière devant le dieu Plutus, le dieu des primes et des différences, avec autant de régularité et de ferveur qu'il séjourne à table, accuser de spéculation effrénée de bourse un homme qui n'y met pas le pied et qui ne comprend pas les jeux de l'agio, et qui n'a jamais voulu ni les comprendre ni les pratiquer?

Vous verrez, Monsieur, dans les plaintes des actionnaires, dans les procès intentés par eux, quels sont les spéculateurs sacrifiant à leur avidité, à leur prétendu désintéressement les intérêts sociaux, la fortune des souscripteurs trop confiants.

---

[1] L'on sait que l'on appelle CONVENTIONS VERBALES en France tous les traités qui ne sont pas enregistrés. L'on sait aussi qu'avant la loi sur le droit fixe, les traités mentionnant des millions exposaient à des droits d'enregistrement exorbitants.

Vous verrez, dans l'histoire de ces luttes stériles et retentissantes que nous n'avons certes point provoquées, ni mon collègue M. Claivaz ni moi, de ces luttes que nous avons tout fait pour étouffer ou terminer dans l'intérêt des actionnaires, mais que nous ne pouvons plus déserter maintenant, à qui de MM. Claivaz, de La Valette ou Monternault doit être laissée toute la responsabilité des discordes, à qui doivent être renvoyés les mots d'intérêt, de spéculation, d'avidité, de violence de langage et de tenue.

La Bourse n'a jamais été le temple on l'académie du désintéressement; ce n'est pas pour ses formes polies et faciles qu'on a surnommé depuis si longtemps M. Monternault *le bâton épineux*. Pour soutenir ses prétentions en ce qui concerne la ligne d'Italie, il faut d'abord qu'il puisse effacer les procès-verbaux des conseils et des assemblées, les souvenirs de ses voyages et de ses négociations diplomatiques en Suisse et de ses rapports avec ses collègues.

Que des pamphlétaires à gages, que des flatteurs même ne vantent donc pas tant son désintéressement, pas plus que sa bonhomie, et ses mœurs douces et inoffensives. Les façons inoffensives de M. Monternault lui attireront partout comme dans les assemblées, comme en Suisse, comme à Paris, d'énergiques leçons. Quant à la bonhomie de M. Monternault, il faut demander aux collègues de ce bonhomme, aux employés de l'administration ce qu'ils en pensent, ils diront tous que c'est à la plume de l'auteur des « Faux bonhommes » qu'il appartient de décrire cette bonhomie!

M. Monternault a pour premier lieutenant dans le Conseil d'administration M. Achille Morisseau, et c'est en caressant deux petits travers de ce lieutenant, la vanité et l'intérêt, qu'il l'a maintenu à sa suite.

M. Morisseau a longtemps posé comme gentilhomme prodigue, et il est devenu prodigieusement rangé. M. Morisseau est une variété du bourgeois gentilhomme; il pose depuis longues années comme un type perdu des formes et du langage chevaleresques, comme le gentleman du désintéressement, comme un expert assermenté du point d'honneur.

Si le caractère chevaleresque dépend de la coupe des habits, de la forme du pantalon et des manchettes, cette pose est justifiée. La pose du désintéressement est encore mieux justifiée par le langage, personne ne parle plus fréquemment et avec plus d'élégance de désintéressement, personne ne jure plus volontiers par le chevalier sans peur et sans reproche, par Bayard.

Le fondateur de l'*Assemblée nationale* et de la *ligne d'Italie*, qui a vécu pendant douze années avec M. Morisseau dans une assez grande intimité, lui rendra cette justice proverbiale parmi toutes les personnes attachées à ces deux créations, que M. Morisseau a toujours été systématiquement très-désintéressé dans les dépenses à faire, dans les risques à courir, ainsi d'ailleurs que cela résulte de lettres très-explicites, et, s'il s'est montré quelque peu intéressé au jour du succès, ce n'était qu'une preuve de sympathie, qu'un souvenir d'ami qu'il réclamait.

Cédant aux instances habiles et réitérées de cette amitié que les petits souvenirs devaient entretenir et cimenter encore, M. de La Valette a donné à M. Morisseau, dans la propriété du journal l'*Assemblée nationale*, un premier cadeau de dix mille francs; lors de la création de la ligne d'Italie, un second cadeau de vingt-cinq mille francs en espèces; car l'ami a refusé de recevoir des actions, n'entendant rien aux affaires, disait-il.

Devenu administrateur de la ligne d'Italie par le choix du même ami, M. Morisseau a montré un désintéressement plus complet encore.

Il ne savait que faire de son temps; il a offert de le mettre à la disposition de la Compagnie et de donner à son ami la liberté pour ses propres affaires en le remplaçant dans la Direction. Le fondateur de la Compagnie n'a pas eu assez de confiance dans ce désintéressé candidat pour lui céder cette Direction. Alors l'ami Morisseau a poussé le stoïque désintéressement jusqu'à immoler l'ami, jusqu'à se liguer avec les ennemis du fondateur, et concerter avec eux une prise de possession forcée de la direction absolue de la Compagnie.

Lorsque des divisions graves ont éclaté dans le Conseil, lorsque le parti qui voulait l'exécution immédiate du chemin a lutté contre les boursiers, les banquiers, les fusionnaires qui semblaient avoir juré de garder la caisse pleine, d'immobiliser les fonds dans les placements de bourse et les escomptes de papier, jusqu'à l'avénement d'une bonne occasion, d'un bon coup à faire, M. Morisseau s'est séparé du parti qui voulait le chemin : un tout autre ami dans cette scission, pour être fidèle à la pose de gentilhomme désintéressé, d'ami dévoué, se serait retiré; mais M. Morisseau pousse l'héroïsme du désintéressement et du dévouement plus loin.

Il a juré de se dévouer quand même à la Direction, et, pour atteindre le but, d'immoler quand même son ami. Brutus immolait bien ses fils à la chose publique.

Déjà par amour des principes il avait trouvé moyen d'augmenter ses jetons de présence aux dépens des absents. La Direction lui parut encore plus avantageuse à l'exercice de son désintéressement, à l'emploi de son temps.

Il s'est associé à toutes les manœuvres, à toutes les attaques contre le fondateur. Il s'est ligué avec ses ennemis; il n'a pas craint de se faire l'écho des plus stupides calomnies, quand il ne s'en est pas fait l'inventeur.

Il est vraiment peu digne d'entrer dans de pareils détails, d'agiter au grand jour de si honteuses questions; c'est avec un profond dégoût qu'on les traite, et certes si elles n'avaient pas été étalées publiquement dans les plaidoiries, dans les pamphlets, il répugnerait à un homme de cœur de les aborder.

Mais en vérité, lorsque l'on étudie le caractère des personnes qui ont fait imprimer et distribuer contre les deux Directeurs fondateurs de la ligne d'Italie des injures grossières, les ignominieuses calomnies qui attaquent leur considération avec tant de violence et de venin, lorsque l'on suit tous les actes et toute la vie de ces personnes, l'on se demande comment elles ont osé commencer les attaques même en se cachant sous l'anonyme ou derrière des signatures de paille.

Si M. Morisseau comprend bien le désintéressement à l'usage des absents et lorsqu'il s'agit d'arrondir ses jetons de présence, il comprend encore mieux cette vertu qu'il pousse jusqu'aux dernières limites de l'abnégation, lorsqu'il produit des conseils à l'usage de ses amis.

Personne ne professe alors avec plus d'élégance et de délicatesse le sacrifice de l'intérêt privé, le mépris stoïque des richesses, l'abandon des droits les plus légitimes, la renonciation aux créances les plus incontestables. Il n'hésite pas à conseiller à un ami de sacrifier une somme qui a l'importance d'une fortune plutôt que d'établir un compte.

Une soixantaine de mille francs, dit M. Morisseau, ne valent pas une réclamation.

En résumé il serait bien difficile de contester que personne n'est plus désintéressé que M. Morisseau, comme personne n'est plus brave que lui lorsque c'est au nom de ses amis.

L'on a souvent représenté M. Morisseau comme une fine lame, comme un boxeur de première force, comme un adversaire intrépide, comme un chevalier français, comme le type de la bravoure, comme l'arbitre du point d'honneur.

Il a continuellement à la bouche les noms de César, d'Alexandre et de du Hallay. Il évoque sans cesse les souvenirs des héros et des braves.

Il ne fléchit jamais, recule encore moins lorsqu'il s'offre de représenter la susceptibilité d'autrui ; la magnifique attitude qu'il a toujours prise comme chargé d'affaires lui a souvent réussi, et dans tous les cas lui a fait une réputation d'un gentilhomme très-susceptible sur le point d'honneur.

Dans un procès célèbre, en niant certaines voies de fait qu'on lui avait mises sur le dos, ne disait-il pas avec une indignation précieuse que « de telles voies de fait étaient impossi- « bles à son égard ; que dans le monde où il vivait, il suffisait « d'un geste suspect, d'un mot mal sonnant pour rendre une « réparation nécessaire. »

Eh bien, tout cela était encore une pose, une contre-vérité.

Je ne suis pas chargé de contrôler les procès-verbaux des voies de fait signalées dans ce procès ; mais ce que je puis affirmer, c'est que M. Morisseau manie admirablement l'arme de la calomnie, et que l'on ne peut obtenir de lui après ses calomnies que la satisfaction demandée à la police correctionnelle.

J'ai dit à M. Morisseau, en présence de plusieurs membres du Conseil, comme je le lui dis aujourd'hui devant les lecteurs des nombreuses brochures qu'il inspire, patrone ou fait distribuer :

« M. Achille Morisseau, vous êtes un faux ami, vous êtes un calomniateur, vous avez trahi et calomnié tout ce qui vous entoure, tous ceux qui vous touchent ; aucun de vos parents, de vos amis n'a été à l'abri de vos calomnies, vous m'avez calomnié et vous avez refusé deux fois de m'en rendre raison ; et, lorsque vous avez continué vos calomnies et vos offenses anonymes, vous avez laissé dire dans le public qu'un gant envoyé à l'adresse de vos deux joues n'a pas été ramassé par vous, et, pour toute réponse, vous avez poursuivi dans l'ombre et quelquefois d'une façon odieuse votre œuvre de calomnie ; vous avez juré de ruiner, de déconsidérer, de déshonorer, si vous le pouviez, votre ancien ami.

« M. Achille Morisseau, je ne vous avais jamais fait aucun mal, donné le moindre sujet de mécontentement, et pendant douze ans, mon amitié pour vous, mon dévoucment que vous avez surpris par vos protestations, n'avaient pas de limites.

« Jusqu'au jour où j'ai reconnu que vous trahissiez cette amitié dans un but intéressé, elle n'aurait reculé pour vous devant aucun sacrifice, devant aucun péril. C'est en vain qu'à notre première querelle, je vous ai proposé de prendre un arbitre entre nous, de choisir votre dernier ami, M. Germaux : vous l'avez refusé.

« Pour atteindre votre but, vous avez voulu abuser de la présidence temporaire qui vous était confiée : je vous ai dit alors que vous ne présideriez plus jamais le Conseil, vous ne l'avez plus présidé ; car vous pouviez, dans ce Conseil, trouver des complices, mais non y posséder des amis.

« Vous avez voulu confisquer six millions qui vous étaient confiés comme administrateur ; vous avez voulu ruiner les deux tiers des actionnaires en disant que « ces actionnaires étaient trop criards, » et en réalité parce qu'ils avaient voté sévèrement contre vous à l'assemblée générale du 25 Septembre 1860. Je vous ai dit alors, ainsi qu'à vos collègues, à vos complices dans cette œuvre de spoliation : « Vous avez cessé d'être administrateur. » Vous avez dit plusieurs fois avec eux : « Il faut le perdre, il faut l'écraser. » Eh bien ! Vous n'êtes plus administrateur, et c'est en vain, jusqu'à présent, que vous avez épuisé contre le défenseur des actionnaires toutes les ressources, tous les efforts de votre âme vindicative !

Vous prétendez continuer vos calomnies : vos calomnies retomberont sur vous comme les précédentes, et je vous avertis encore que vous donnerez votre démission du Jockey-Club, car il y a des choses qu'on ne tolère pas au Jockey-Club, et vous avez indignement trahi, sciemment calomnié, et la trahison, la calomnie sont les armes des faux braves !

Le second lieutenant de M. Monternault est M. le comte Charles de Bourmont, qu'il faut bien se garder de confondre avec les autres comtes de Bourmont, ses frères, que l'on assure être dignes de toute estime et de toute sympathie par leur cœur et leur intelligence.

Pour faire le portrait de M. Charles de Bourmont, il ne faudrait que le placer un quart-d'heure sur la sellette devant le Conseil d'administration de la ligne d'Italie, devant ses collègues, devant toutes les personnes en relations d'affaires avec lui, la sellette donnerait un réquisitoire qu'il n'est pas nécessaire de mettre en ce moment dans votre dossier, Monsieur, et qu'il ne serait certainement point permis de livrer à l'impression.

Dans ces portraits je me borne aux nécessités de la défense.

La haine de M. de Bourmont est née d'une tentative de chantage qu'il avait organisée avec le plus grand luxe de manœuvres contre M. de La Valette.

M. de Bourmont, à l'époque de la constitution de la Compagnie, a versé cinquante mille francs sans conditions, ainsi qu'il le dit lui-même. On lui a rendu immédiatement vingt-cinq mille francs qui étaient inutiles ; pour les vingt-cinq mille francs restant il a reçu, avec le remboursement du capital, un cadeau volontaire de vingt-cinq mille francs en actions. Lorsque les actions ont baissé, il a émis la prétention de faire reprendre ces actions ; il a eu même la ridicule et inconcevable folie de vouloir faire mettre au compte de M. de La Valette les 600 actions qu'il avait demandées à l'époque de la souscription publique.

Il s'est aventuré à ce sujet dans un procès qui dure encore, et, en essayant de déconsidérer M. de La Valette de l'attaquer par tous les moyens, il espère rendre son procès meilleur, ses juges plus favorables.

C'est M. de Bourmont qui a rédigé une partie du libelle infâme *Lettre aux actionnaires*. Vous conviendrez dès lors que je me montre bien modéré à son égard.

Il a fabriqué toutes sortes de lettres anonymes dont il aura à répondre devant la justice correctionnelle, comme il répondra de sa collaboration au libelle Mercier, contre M. Claivaz et contre moi [1].

Jamais l'on ne trouva une langue plus venimeuse, une plume plus vipéreuse, des sentiments moins courtois pour ses égaux, un regard plus impertinent pour ses inférieurs, une échine plus souple devant ses supérieurs.

Faut-il s'étonner que M. de Bourmont ait reçu dans sa vie quelques leçons, quelques corrections?

Quand on se plaint trop sérieusement de ses propos, de ses lettres, il ne sait pas regarder en face; quand il a fait quelque méchante action, il ne sait pas donner une explcation satisfaisante, il aime à tourner le dos; faut-il s'étonner que quelquefois un avertissement mérité lui arrive au bas de ce même côté?

M. de Bourmont se donne comme très-dévot : après une

[1] Au moment même où, de concert avec M. Pisson, il rédigeait le libelle intitulé lettre aux actionnaires, M. de Bourmont écrivait à M. de La Valette dans une lettre anonyme bien constatée de son écriture par tous les experts consultés : « Vous avez amassé contre vous des haines implacables, on a juré de vous perdre; il y a contre vous un dossier terrible qui doit vous déshonorer. Vendez toutes vos propriétés, ramassez les débris de votre fortune, hâtez-vous de quitter la France; si dans un mois vous n'êtes pas à l'étranger, je ne retiendrai pas le bras puissant qui doit vous écraser, et vous tomberez avec éclat, aux applaudissements de tout Paris. »

Cinq mois après, la menace n'avait produit que des effets désagréables pour M. de Bourmont. Le dossier terrible était le libelle que vous connaissez, ce tombereau impur de mensonges parcourant la ligne d'Italie et les alentours en y répandant les immondices que l'on sait.

L'auteur de la lettre anonyme et de toutes les sombres combinaisons de mélodrame n'ayant pas obtenu le succès d'estime, d'argent et de vengeance qu'il espérait, a fait une nouvelle épître anonyme annonçant une nouvelle tentative comi-tragique. Dans cette lettre, où son écriture est très-reconnaissable, quoique mieux déguisée, il reproduit ce même ordre d'idées, ces mêmes menaces. « On a réuni un nouveau dossier de pièces authentiques et accablantes. Il faut cesser de lutter », il enjoint à M. de La Valette de s'enfuir à l'étranger, partout où voudra, excepté en France, en Suisse et en Italie; sinon, M. de Bourmont ne retiendra plus le bras puissant qui doit écraser, foudroyer M. de La Valette, le faire arrêter et l'envoyer au bagne. » Ce mot infâme s'y trouve, et n'a pas effrayé la charité béate de M. de Bourmont. Il est vrai que, sous l'anonyme, un faux saint peut bien parler comme un vaurien.

Dans ce nouveau chantage anonyme, M. de Bourmont dénonce lui-même les actes qu'il médite, il est encore en train de fabriquer de nouvelles dénonciations comme celle qu'il a déjà envoyée partout, il prépare des poisons plus subtils. Celui qui contrefait son écriture pour écrire de telles lettres anonymes ne peut-il pas faire davantage en écritures?

Ce nouvel acte de folie par méchanceté rentrée et qui peut expliquer les quelques mois de claustration imposés à M. de Bourmont par sa famille, peut expliquer aussi les protestations les plus énergiques. D'aussi gros mots ne peuvent-ils pas justifier certaine signature destinée à ces lettres anonymes et qui, d'après les plaintes des acolytes de M. de Bourmont, aurait été apposée, mais pas avec la main et pas au bas du dos de la lettre.

séance de trois heures, dans laquelle il a distillé contre son prochain tous les poisons de sa vésicule jusqu'à devenir nauséabond pour tous les assistants, jusqu'à vicier l'air respirable, il va souper chez les Chartreux avec des pois chiches.

Dans les hôtels, pendant ses voyages, il reste à genoux des heures entières en face de la porte ouverte. A quoi pense-t-il ?

N'est-il pas du nombre de ces courtisans et de ces dévots qui parlent comme si Dieu ne lisait pas mieux au fond des cœurs que les princes; qui agissent comme si le nombre des courbettes, des génuflexions, des courtisaneries devait être pour eux la mesure des grâces et du crédit pour le libre exercice de tous les péchés mignons ou capitaux ?

M. de Bourmont a porté autrefois l'épée; mais s'il la laisse rouillée au fourreau, il n'y laisse pas sa langue, la langue la plus acérée, la plus empoisonnée qu'une vipère puisse prêter; l'on a certainement le droit de dire de lui que jamais plus de fiel n'est entré dans l'âme d'un faux dévot!

M. Pisson, le principal auteur de la *Lettre aux actionnaires*, est l'homme d'affaires, l'âme damnée de M. Monternault; il est son conseil ordinaire et extraordinaire, il conduit les petits procès de M. Monternault, rédige sa procédure, administre ses affaires : c'est pour cela que M. Monternault l'avait placé dans la commission des fonds, c'est pour cela que M. Pisson avait mission à l'assemblée du 25 Septembre de servir les rancunes et les projets de M. Monternault contre ses deux collègues de la Direction.

Il suffit de lire le compte-rendu de cette séance pour juger M. Pisson[1].

[1] M. Pisson donne lecture du rapport de la Commission qui conclut à l'approbation des comptes de la Compagnie.

Après la lecture de ce rapport qui doit être annexé au procès-verbal, M. de Bourmont, que M. de La Valette avait laissé rentrer, réclame la parole, et il demande à M. Pisson des explications, notamment sur la visite qu'ils ont faite ensemble à la caisse de Martigny. Il demande aussi à M. Pisson de donner des explications sur le compte de M. de La Valette avec la Compagnie.

M. Pisson raconte qu'il a trouvé dans la caisse de Martigny un billet de dix mille francs tirés par M. Claivaz sur la Banque de Sion. Il parle aussi d'irrégularités dans les comptes de Martigny.

M. Claivaz demande la parole.

L'un des membres de la Commission des comptes se lève, et s'adressant à M. Pisson avec la plus vive indignation, s'écrie : « C'est une calomnie ! »

A la suite de cette assemblée du 25 Septembre, M. Pisson a juré une haine implacable à MM. de La Valette et Claivaz, il a mis en société sa haine avec celles de MM. Monternault, Morisseau, de Bourmont. La *Lettre aux actionnaires* est l'enfant de cette haine, comme *le Mémoire au Conseil fédéral* en est le petit-fils.

M. Pisson continue et donne des explications sur le compte de M. de La Valette. Il insinue que M. de La Valette est débiteur envers la Compagnie.

M. de La Valette demande la parole après M. Claivaz.

Les deux autres membres de la Commission protestent énergiquement contre l'insinuation malveillante et calomnieuse de M. Pisson.

M. Cavalier demande la parole.

M. de La Valette dit à M. Pisson: « Vous êtes un misérable; je le prouverai tout à l'heure. »

M. Claivaz explique qu'il a l'habitude de tirer sur la Banque du Valais pour la commodité du service. Le billet trouvé dans la Caisse est un mandat sur la Banque qui a été immédiatement soldé par la Banque à présentation.

Le directeur de la Banque, interpellé par lui, déclare qu'il en est toujours ainsi, et que le mandat qui devait lui être présenté, le lendemain de la visite de M. de Bourmont, a été immédiatement soldé par la caisse de la Banque, sans autre avis de M. Claivaz, et que le crédit de M. Claivaz à la Banque est illimité.

La parole est à M. Cavalier, membre de la Commission.

Il dit que la profonde indignation qu'il éprouve doit lui permettre de déclarer que M. Pisson vient de commettre deux insignes lâchetés, et que les insinuations de M. Pisson sont d'autant plus coupables que M. Pisson calomnie sciemment. Les explications données dans les bureaux par M. le directeur Claivaz avaient pleinement satisfait la Commission; il ne comprend pas que M. Pisson ait osé jeter cette insinuation dans l'Assemblée.

Quant au compte de M. de La Valette, qui date de la fondation de la Compagnie, M. Pisson doit savoir mieux que personne que M. de La Valette est créancier de la Compagnie d'une somme beaucoup plus considérable que celle portée à son crédit; que la majorité du Conseil, comme le rapport de la Commission, l'a constaté dans plusieurs pièces et procès-verbaux signés; que pendant plus de deux ans la minorité s'est opposée au règlement de compte dont elle fait une machine de guerre; c'est M. Pisson lui-même qui a supplié M. de La Valette de ne pas insister pour le règlement avant l'Assemblée générale, lui déclarant que s'il s'élevait la moindre observation, il serait le premier à prendre la parole et à repousser énergiquement toutes fausses interprétations, en disant que la Commission n'avait pas la moindre critique à faire sur son compte.

Il n'y a pas, ajoute M. Cavalier, de termes assez forts pour qualifier la conduite de M. Pisson et de semblables machinations.

Il invoque, au surplus, le témoignage de M. Lulvès, son collègue de la Commission des fonds.

M. Lulvès confirme ce que vient de dire son collègue M. Cavalier.

Toute l'assemblée s'associe à l'indignation exprimée par les deux membres de la Commission, et les qualifications les plus violentes sont adressées à M. Pisson.

M. de La Valette demande la parole.

On lui crie de toutes parts: « Non, non, ne répondez pas à ces infamies, à ces calomnies!

M. de La Valette insiste pour parler.

Le président, M. William Austin, dit que les déclarations de la majorité de la Commission, les manifestations de l'Assemblée dispensent M. de La Valette de répondre aux insinuations de M. Pisson.

M. Pisson a reçu sept mille francs pour cet acte de vengeance, le tribunal correctionnel dira si l'argent des actionnaires a été bien employé en servant à récompenser cette méchante action, à solder ce mauvais libelle. M. Pisson s'intitule avocat à la Cour impériale: c'est évidemment un agent d'affaires, c'est un faux avocat!

M⁰ Raisin est le commissaire général des anciens administrateurs, leur conseil, leur factotum, leur Egérie à toutes fins. Il s'est fait la trompette des calomniateurs; il s'est permis contre M. Claivaz et contre moi des insinuations, des propos, des écrits qui me donnent le droit de lui faire entendre quelques vérités. Qu'il se rassure, je ne dirai pas de lui tout ce qu'en pensent ses confrères.

M⁰ Raisin est un avocat plein d'imagination, qui se grise facilement de sa parole et de ses inventions. Il se rend volontiers le défenseur des mauvaises causes. Il n'y a, dit-il, de mauvaises causes que celles que l'on perd. M⁰ Raisin est l'avocat privilégié des *parcs aux biches* de Genève, et l'opinion publique prétend qu'il a rencontré quelquefois de puissants talismans dans les allées de ces parcs.

M⁰ Raisin jouit parmi ses confrères de la même réputation de véracité que M. Monternault parmi ses collègues; il ne croit pas à l'existence de la vérité; il est vrai qu'il ne croit *ni à Dieu ni à Diable*. C'est M⁰ Raisin qui a trouvé, dit-on, dans l'un de ses parcs, et enrôlé pour le compte des anciens administrateurs, le signataire de la *lettre* traduite en police correction-

L'ordre du jour rappelle la lecture du rapport fait au nom du Conseil d'administration.

La parole est à M. de La Valette, rapporteur.

Avant la lecture de son rapport. M. de La Valette dit qu'il a obéi à la volonté de l'Assemblée et du Bureau en ne répondant pas à M. Pisson; il croit néanmoins devoir déposer sur la table, et mettre à la disposition de tous, les documents qui condamment sévèrement les insinuations de M. Pisson. Le rapport d'une Commission de trois administrateurs, les décisions du Conseil le dispensent sans doute autant que l'indignation des deux membres de la Commission des comptes et de l'Assemblée, de toute explication; mais il ne doit pas, néanmoins, laisser ignorer que M. Pisson est l'homme d'affaires de M. Monternault, son *alter ego,* présenté par lui pour entrer dans la Commission des comptes, et qu'il est facile de comprendre maintenant, après le triste spectacle donné par M. Monternault à l'Assemblée, d'où viennent les indignes attaques dont M. Pisson est l'éditeur contre deux collègues de M. Monternault, attaques qui expliquent la conduite passée des trois dissidents au sujet de ce compte, attaques dont la majorité de l'Assemblée et celle de la Commission ont fait une si éclatante justice.

nelle. Les anciens administrateurs, qui ont joué tant d'adroites comédies pour faire croire à leur parfaite innocence dans cette tentative d'empoisonnement moral, n'ont-ils pas eu la maladresse d'accepter M. Mercier, signataire du honteux libelle, pour sous-délégué de Me Raisin, et de le faire agir en cette qualité dans la prise de possession des bureaux de Genève, ainsi que cela résulte d'un procès-verbal du 3 Septembre 1861 ?

Me Raisin était l'avocat prédestiné de nos anciens administrateurs; il comprend admirablement leur tactique, s'identifie avec leurs sentiments. Il aime comme eux la calomnie; il est insolent, *sottisier* au tribunal, il se fait sans cesse rappeler à l'ordre, et s'attire, au dehors du tribunal, des rappels à l'ordre plus énergiques et plus sensibles encore.

Je crois devoir prévenir ce maître Jacques des anciens administrateurs, cet éditeur des grimoires calomnieux, ce condottiere de la chicane, qu'il peut plaider contre moi tant qu'il lui plaira, qu'il peut même essayer toutes les surprises, employer toutes les ruses de la petite guerre; mais que mon intention formelle est de ne tolérer ses injures ni au tribunal ni ailleurs.

Me Raisin est venu déclarer à l'assemblée du 28 Septembre dernier qu'il était un véritable actionnaire, possesseur de vingt actions libérées : eh bien! tous les confrères de Me Raisin vous diront que cette possession légitime de vingt actions libérées de 500 francs est une erreur de l'imagination de Me Raisin, et qu'il n'a jamais versé un écu, encore moins dix mille francs dans la Compagnie : ils vous diront que Me Raisin est un faux actionnaire!

Quel est maintenant le Mercier arrivé tout à coup dans la Compagnie par Me Raisin, après une tentative malheureuse de café-chantant faite à Genève et une autre tentative d'établissement dont je ne veux pas parler?

Quel est ce Mercier, dépositaire de tous les traités, de tous les actes, de tous les documents de la Compagnie; ce Mercier qui possède tous les originaux des pièces récoltées en Italie, dans la Suisse, la France, et dans dix cartonniers de tous les quartiers de Paris? Quel est ce Mercier qui of-

.fre dans la brochure de communiquer toutes les pièces authentiques à l'appui de son œuvre de calomnie, et qui fait cette offre, il est vrai, sans donner son adresse, sans même indiquer dans quelque pays du monde il réside? Quel est enfin cet archiviste clandestin de la Compagnie anonyme des calomniateurs?

Tout ce que je sais, quant à moi, c'est que je ne le connais pas, qu'il ne me connaît pas davantage, qu'il ne connaît pas plus M. Claivaz; ce que je sais encore, c'est qu'il n'avait pas une seule action dans la Compagnie quand il a signé le libelle.

Tout ce que je sais, c'est que jamais un honnête homme ne vendra sa signature pour empoisonner avec préméditation deux réputations, deux noms qui lui sont inconnus.

Quelques personnes me disent que ce Mercier était à la recherche d'une position sociale au mois d'Août dernier, et que les mandataires des anciens administrateurs ont enrôlé en Septembre dernier ce Jérôme Paturot déclassé, et lui ont consenti des promesses, lui ont versé des gratifications, et qu'il n'a pas même su ce qu'on lui a fait signer, qu'il a même donné sa signature en blanc.

S'il est vrai qu'on ait acheté cette signature en profitant d'un moment de détresse, de l'état d'une marmite renversée et brisée, il faut peut-être plaindre le signataire apocryphe, et jeter toute la honte de ces calomnies sur les acheteurs. Si le signataire du libelle a donné sa signature sans avoir conscience de la mauvaise action qu'on lui faisait commettre, je le plains, je lui pardonne en lui souhaitant du fond du cœur une position qui lui épargne d'aussi cruels marchés. D'autres personnes, qui prétendent connaître beaucoup le signataire apocryphe de l'ignoble pamphlet intitulé *Lettre aux actionnaires*, et quelques amis avec elles, me disent : « Prenez garde à vous : l'homme qui a signé pour 100 francs toutes ces injures, toutes ces calomnies, pourrait bien pour un zéro de plus faire davantage; prenez garde, c'est un homme dangereux, c'est un ancien capitaine français réfugié de 1852. Vos ci-devant administrateurs ont pensé qu'il fallait abriter leur calomnie sous la protection d'une fine lame, d'une terrible épée; ce capitaine a de longues moustaches rouges, de larges épaules, le regard farouche, il est capable de tout. » Je réponds à ces personnes ou à mes amis : « L'armée française n'a point perdu, en 1852, de capitaine de cette espèce; les fines lames, les vrais capitaines ne mettent point leur signature sur des bouteilles de poison, ils n'endossent point de telles livrées, et si votre prétendu capitaine élevait la voix après la vente de sa signature au poison, il me donnerait le droit de lui dire qu'il n'est qu'un capitan de tristes lieux, et qu'il y a des entreprises de chantage qui ne réussissent pas mieux à Paris qu'à Genève. »

Je sais bien que, depuis quelques mois, le signataire du libelle vit au milieu des anciens administrateurs, et court les rues et les ruelles au bras de M. de Joguet et dans l'intimité du beau-frère de M. Monternault; que c'est au milieu des anciens administrateurs que la citation en police correctionnelle lui a été signifiée parlant à sa personne, et que, dans un pareil milieu, au centre de toutes les haines ameutées, de toutes les prétentions et calculs déçus, il est facile de recevoir de fâcheuses excitations, de mauvais conseils.

Mais si mes amis n'ont pas été trompés par de faux rapports, si le signataire du libelle accepte le rôle qu'on veut maintenant lui faire jouer, j'avertis les anciens administrateurs que j'ai les preuves du long séjour de leur nouveau délégué au milieu d'eux; qu'ils sont responsables individuellement de tous ses dires, de tous ses actes; et puis je dirai à ce délégué allant en guerre, je dirai à ce bravo qui vend sa signature et ses offices d'empoisonneur à la plume pour le même prix que valent, des pieds à la tête, certaines clientes de M⁰ Raisin, son patron, je lui dirai qu'il n'est pas très-prudent de tenter un mauvais coup contre moi, qu'il n'est pas plus facile de l'exécuter; que de plus forts, de plus nombreux, de mieux armés que lui l'ont inutilement essayé en 1848 et 1849, et que toute tentative de ce genre pourrait bien lui être funeste. Quand les tribunaux ne peuvent atteindre de tels pamphlétaires sans domicile connu, et que toute satisfaction personnelle est absolument impossible au dire de ses amis, il ne reste plus que le cas de légitime défense contre toute agression.

Et je dis surtout à mes anciens collègues coupables de tous ces honteux moyens que ne justifient aucuns dissentiments et surtout aucune intention, aucun but honnête, je leur dis que tous les billets de mille francs enlevés à la fortune des actionnaires pour déconsidérer et anéantir leurs défenseurs iront rejoindre en pure perte les sept mille francs déjà donnés à l'empoisonneur Pisson , les dix mille francs gaspillés en dépêches télégraphiques, les vingt mille francs parsemés dans les dossiers des avocats, les cent mille francs dilapidés en calomnies, les autres cent mille francs engloutis dans les annonces ou la corruption.

Je leur dis que tous les pamphlétaires, tous les empoisonneurs, tous les procureurs et bravi du *dernier des mondes,* n'empêcheront pas maintenant le salut des actionnaires, l'achèvement de la ligne d'Italie.

Je dis à ces anciens administrateurs qu'ils doivent porter toute la responsablilité de la *Lettre aux actionnaires,* comme ils auront la responsabilité de toutes les pertes sociales; je dis que l'on trouve à chaque page du libelle, dans chaque détail des événements et des écrits qui l'ont suivi, la preuve de leur intervention et de leur complicité, et que ce Mercier qu'ils s'efforcent de compromettre de plus en plus n'est qu'un faux capitaine, qu'un faux signataire du libelle!

Je voudrais clore ici cette galerie des clients qui ont trompé, Monsieur, votre religion et votre loyauté : cette exhibition est peut-être plus fatigante pour moi que pour vous; je ne puis cependant négliger deux silhouettes ayant pris, depuis quelque temps, une grande importance dans toutes les mauvaises actions, dans toutes les aventures risquées qui semblent avoir pour but de conduire au naufrage la *ligne d'Italie,* et au néant tous les intérêts qu'elle représente. Ces deux portraits qui manquent à la collection, sont ceux des deux nouveaux directeurs qui se sont emparés de toute l'autorité, qui prétendent même expulser tous les anciens administrateurs, bien entendu en se réservant la mission de sauver le navire social.

L'un de ces deux nouveaux sauveurs, qui ont la majorité dans le triumvirat nouveau, est M. Emile Chevalier [1].

---

[1] Je ne connaissais pas M. Emile Chevalier, avant le jour où M. de Joguet l'apporta sous son bras et le déposa sur un siége du Conseil d'administration sans élection régulière; mais si les deux hommes considérables de son nom, pour qui je garde une estime sympathique, sont de ses parents, qu'ils lui demandent pourquoi sans motif, sans prétexte, il s'est fait mon ennemi et celui de M. Claivaz.

M. Emile Chevalier avait aussi offert de sauver le chemin de fer de Graissessac, il avait offert de le sauver gratuitement: il faisait alors partie d'une Commission de séquestre, et lorsqu'il a eu conduit avec ses collègues la Société à la faillite, n'a-t-il pas réclamé devant les tribunaux un secours à titre de failli; aussi ses amis disent-ils toujours maintenant, en parlant de lui: « Ce pauvre petit chevalier Graissessac. »

Il faut ajouter que M. Emile Chevalier n'a jamais été nommé régulièrement administrateur de la Compagnie.

Vous voyez bien, Monsieur, que ce médecin empirique n'est qu'un faux sauveur, qu'un faux administrateur.

L'autre triumvir est un amusant pique-assiettes, excellente fourchette, d'ailleurs; il est un peu aveugle, n'écrit jamais une ligne et professe la maxime : *La faim justifie les moyens;* à peine entré dans la Compagnie par une combinaison qui donna à la ligne d'Italie deux honorables administrateurs, il faisait faire ses actions statutaires par les adversaires des fondateurs qui l'avaient fait entrer; bien entendu, il trahissait l'ami qui l'avait introduit et n'avait qu'une pensée fixe, c'était de prendre sa place : la fin justifie les moyens, dit M. de Joguet. Tous les moyens lui ont été bons.

Les lieutenants de Peau-Rouge Ier ont toujours pensé qu'ils auraient son vote à discrétion. M. Morisseau ne disait-il pas dédaigneusement : « Nous l'aurons quand nous voudrons pour *un sac de pommes de terre.* » Quelle étrange idée d'avoir fait entrer *ça* dans le conseil, s'écriait souvent M. Monternault, à quoi peut-il servir? « C'est une *mouche du coche.* »

Le bourdonnement continue, le va-et-vient perpétuel, les efforts impuissants, le travail négatif et les *cent sottises* que peut faire cette mouche ne sauraient en effet démarrer d'un seul pas le malheureux coche des actionnaires, et je ne conseillerai pas à cette mouche quelquefois venimeuse, de se présenter dans une assemblée générale pour demander *d'être payée de sa peine.*

> Ainsi certaines gens faisant les empressés
> S'introduisent dans les affaires;
> Ils font partout les nécessaires,
> Et partout importuns, devraient être chassés.

La mouche est devenue frelon, le frelon s'est installé dans les ruches de la Compagnie; il y mange, gaspille ou salit tout le miel et la cire. Ce frelon s'est emparé du *coche* des conjurés, des bateaux à vapeur; il affirme partout qu'il a toute la peine, qu'il conduit tout; il bourdonne sans cesse qu'il est sûr de la victoire, que le banquier est à sa suite, et qu'il entend promptement « jeter à l'eau le Monternault, le Morisseau, « le Bourmont, devenus impossibles. »

Puisque les conjurés ne démentent point ces bruits, il faut croire qu'ils acceptent ce *nouveau sergent de bataille*, et qu'en se laissant diriger par lui, ils le considèrent comme un vrai directeur, comme un faux aveugle[1].

Voilà, Monsieur, la galerie à peu près complète des clients qui vous ont trompé comme ils en ont trompé bien d'autres. Il y manque le portrait du banquier administrateur qui détient en ce moment onze millions à la Compagnie; je fais pour lui ou contre lui toutes réserves.

Dans cette galerie de faux bons hommes, de faux amis, de faux braves, de faux dévots, de faux jurisconsultes, de faux signataires, de faux actionnaires, de faux aveugles, vous auriez en vain cherché la vérité. Ils ne pouvaient vous donner que de fausses allégations, de faux documents, de fausses espérances[2].

Chaque arbre doit porter ses fruits.

L'églantier épineux ne produit pas l'orange, le roseau léger ne sera jamais un bois de lance, et la ciguë empoisonnée ne peut donner la vie.

Le chardon hérissé ne fournit point de roses, et le jonc parasite ne peut offrir un seul grain de blé.

Il ne faut pas demander des ananas au pissenlit foulé aux pieds, l'acide verjus n'a jamais fait de bon vin, et les ronces, les mauvaises herbes, ne sauraient composer une seule traverse de chemin de fer.

---

[1] On dit que cette demi-cécité cessera complétement le jour du décès d'une personne ayant eu gravement à se plaindre de M. de Joguet.

[2] Tous les annexes et explications sont à la disposition des curieux à PARIS, rue Drouot, n° 11.

Les anciens administrateurs de la ligne d'Italie, en publiant leurs libelles, en offrant par leur prête-nom de mettre les pièces citées à la disposition des lecteurs, ont eu bien soin de ne pas donner l'adresse du signataire Mercier, dépositaire de ces pièces.

Les Monternault, les Morisseau et les Charles de Bourmont ne fécondèrent jamais dans une société un seul élément d'avenir, un seul germe de prospérité. Les Emile Chevalier et les de Joguet ne porteront jamais dans aucune compagnie le salut et la lumière; les Pisson, les Raisin et tous les commis, tous les estafiers à leur suite, ne sauraient faire jamais un kilomètre de chemin.

Tous ces ci-devant administrateurs, leurs délégués et sous-délégués ne sauraient créer ce qu'ils savent si bien détruire, ne peuvent rappeler dans la caisse un seul des millions si fatalement dissipés. Aucun d'eux ne veut sauver tous les actionnaires de la ruine, rendre les millions à leur véritable destination et consolider l'exécution de notre chemin de fer.

Il était temps que l'on chassât du temple de la ligne internationale les marchands et les boursiers, les incapables et les méchants; il était temps que l'on enlevât la garde du troupeau aux loups dévorants. Croyez-le bien, Monsieur, jamais ces faux pasteurs n'auraient donné pour le troupeau leur vie, leur fortune, ni même leurs jetons de présence.

Et si les jetons de présence, le népotisme, la mauvaise administration, tondaient déjà de trop près et dilapidaient sans pudeur la laine des moutons; s'ils menaçaient l'existence même du troupeau, le Gouvernement du Valais n'a-t-il pas fait un acte de haute justice et de moralité lorsqu'il n'a point permis à ces mauvais pasteurs d'égorger les deux tiers des brebis dans une seule journée?

Vous regretterez, je n'en doute pas, Monsieur, d'avoir accepté comme véridiques les mémoires, les notes et affirmations des pamphlétaires qui vous étaient inconnus, d'avoir été la victime et la dupe de tant de faussetés et de machinations, d'avoir enfin compromis votre honnête signature au bas de cette œuvre d'iniquité, intitulée *Mémoire au Conseil fédéral*.

Dans une seconde lettre, j'examinerai quelques-unes de leurs attaques, de leurs inventions, et vous reconnaîtrez que leurs dires sont aussi faux que les qualités qu'ils se donnent; que la valeur de leurs calomnies est au niveau de leurs caractères.

Veuillez agréer, Monsieur, etc.

Cte Adrien de La Valette.

COMPTES FANTASTIQUES

SOMMAIRE

Descente d'un musée grotesque. — L'ennui peut naître aussi de la difformité. — Petits talents de Société. — Renard Raisin et Corbeaux. — Ὁ μυτος δηλοι qu'un flatteur peut vivre aux dépens des actionnaires qui ne l'écoutent pas. — Illusions dangereuses de porte-clefs. — Citations en police correctionnelle.

A travers la Vallée du Rhône et le Simplon, collection de lettres.

Sic vos non vobis. — Les entraînements de la foi. — Les bourreaux n'ont jamais compris les martyrs.

Un guet-apens. — Répartitions proportionnelles. — Cascade de machinations. — Surprise d'arbitrage. — Une loi à refaire.

Les égarements du doit et avoir. — L'on ne voit pas les poutres de sa propre maison quand on cherche une paille dans celle du voisin.

Une artillerie de gros calibre. — Décharges à poudre et riposte à mitrailles.

L'alphabet des comptes et des logogriphes; *A.* Honni soit qui mal y pense. — *B.* Où il n'y a rien, le roi perd ses droits. — *C. Non bis in idem.* L'on ne peut tirer du même sac deux moutures. — *D.* Pour la dent du lion le rat vaut-il un bœuf? — *E.* La Palisse l'a dit : C'est en vain que l'on glose, donner et recevoir n'est pas la même chose. (Chamfort.) — *F.* La propriété, c'est le vol. — *G.* Calomniez, calomniez, il en restera peut-être quelque chose. — *H. De minimis non curat mendax.* — *I.* Il n'est pire sourd que celui qui ne veut pas entendre. — *J.* Perfectionnements du débit et du crédit. — *K.* Supposition gratuite. — *L.* Généreuse préférence. — *M.* L'on est souvent puni par où l'on a péché.

Rats, crapauds et vipères. — *Par pari refertur.* — Continuations de l'alphabet en partie double.

N. Plus amasse qui moins bâtit. — *O.* Quand femme le veut, le mari se meult; quand femme ne veult, le mari ne peult. (Marot.) — *P.* L'amour du bien public convient à train de prince. (Collardeau.) — *Q.* Pour user du séné l'on passe la rhubarbe. — *R.* Il faut prêcher d'exemple. — *S.* Un siècle pour bâtir, un moment pour détruire. — *T.* Ce que coûte un remplaçant. — *U.* Gratis l'empoisonneur ne fait pas son métier. — *V.* A qui perd gagne. — *X.* Ce que coûte une fabrique de canards de Barbarie. — *Y.* Qui commande doit payer la carte. — *Z.* Dernier chapitre de l'art de lever des primes et d'en faire trois millions de perte.

Liquidation des comptes fantastiques. — Méthode justificative d'Alphonse Karr. — Légères applications de cette méthode aux calomniateurs. — Une propriété mise en pot de vin. — Contact de reptiles, de chenilles et d'araignées. — Les mandataires en face de leurs juges. — Le procès des méchants devant Job et David. — Condamnation des fourbes, châtiment des pervers. — L'orgie. — Le doigt de Dieu. — Sentence irrévocable : Mané, Thékel, Pharès.

DEUXIÈME LETTRE

A Monsieur N......, avocat, à Berne

Monsieur,

Après avoir lu ma première et trop longue lettre, vous ressentez à coup sûr la même fatigue qu'en sortant de l'exhibition des figures de cire de Curtius, ou en descendant les escaliers de certains musées de sixième ordre réunissant à d'informes rondes-bosses, à de pitoyables pastiches, à des momies raccornies, des collections de fœtus avortés, de quadrumanes empaillés, de reptiles desséchés.

Mais si vous trouvez que je vous ennuie lorsque je vous parle de vos clients, soyez persuadé, Monsieur, qu'ils m'ennuient davantage, et qu'ils ont ennuyé bien plus encore, depuis quatre ans, les actionnaires, trois gouvernements et l'opinion publique.

Il n'y a rien là, vous le penserez comme moi, qui puisse charmer l'esprit et réjouir le cœur. Et si vous êtes fatigué de quelques pages de lecture *propter tuos clientes*, croyez-vous par hasard que le peintre, le chroniqueur, échappe à la même lassitude?

Tenez, Monsieur, je puis vous l'affirmer, il me serait moins pénible de déchiffrer pendant trois mois avec vous des hiéroglyphes éthiopiens, des manuscrits hindous, que de retracer pendant trois heures les caractères et les actes de ces ennemis ténébreux, de ces conjurés opiniâtres, de ces usurpateurs anonymes.

Il n'était pas inutile, toutefois, de vous faire connaître leurs profils, leurs masques, leurs allures, pour vous donner la mesure de leurs allégations, la valeur de leurs exploits.

Mᵉ Raisin, votre confrère et correspondant de Genève, le maître Jacques de ces personnages, cet interprète des empoisonneurs, ce complaisant délégué, ce pourvoyeur universel qui a gonflé votre dossier de toute sorte d'inventions rachitiques, de contes idiots, de fictions épileptiques, de faits estropiés, de conclusions mort-nées, ne vous avait certainement pas fait encore la véridique description du galbe, de l'esprit, du caractère de ses commettants.

Quel dommage, Monsieur, que Mᵉ Raisin soit, en ce moment, condamné à garder sur eux le silence par des arguments d'un grand poids! Quel dommage que Mᵉ Raisin ne puisse faire lui-même librement leur biographie, lui qui manie avec tant de charme les aménités des Trissotin et des Vadius, la jactance des Frontin, le dialogue épicé des bals masqués! Ah! s'il pouvait, s'il voulait vous dire tout ce qu'il sait, tout ce ce qu'il pense de ses patrons, de vos nouveaux clients parisiens, je défierais l'ennui d'escorter son récit! Au besoin d'ailleurs, il aurait assaisonné ses portraits de facéties, de calembourgs et de joyeux coq-à-l'âne.

Vous savez sans doute que M⁰ Raisin cultive avec passion les lazzis, les acrostiches, les madrigaux, les bouquets à la biche, les bouts-rimés de mirlitons, tout aussi bien que l'argot de Musard, que la langue de Basile. Je vous donnerai tout-à-l'heure un échantillon de ses bouts-rimés.

Mais il est obligé à la plus discrète réserve, aux plus prudents égards pour ses prodigues clients. N'a-t-il pas de *grands intérêts* engagés dans la ligne d'Italie, qui exigent toute la prudence, toute la réserve dont il est susceptible? En vain il meurt d'envie de vous dire tout ce qu'il pense de ses héros, et d'en rire avec vous : il faut qu'il garde son sérieux.

Depuis un an bientôt il est dévotement assis en arrêt devant les maîtres corbeaux perchés sur les millions de la ligne d'Italie. Il flatte philosophiquement leurs petits travers, il cajole leurs petites faiblesses, sans contrarier en rien leurs espérances et leurs ressentiments. Il leur redit sans cesse : — « Eh! bonjour, M. *de* Monternault! Que vous êtes jolis, « gracieux de Bourmont, intrépide Joguet! Monseigneur Morisseau, que vous me semblez beau! »

« Monsieur le président, Messieurs les directeurs, vous êtes, « sans mentir, de vrais et grands seigneurs; vous êtes les phénix des administrateurs! »

Les dits seigneurs sont les ci-devant administrateurs qui retiennent et manient les millions des actionnaires, qui fixent la solde et la part au butin des plumes et des langues enrôlées, qui ouvrent de larges becs et laissent tomber sur leurs flatteurs de gros fromages découpés dans la fortune des actionnaires:

> « *Ergò*, Maître Raisin, par eux si bien grisé,
> « En délégué normand au fin bec aiguisé,
> « Ne peut vous envoyer ni la photographie
> « De ces empoisonneurs, ni leur monographie.
> « Il les proclame tous les plus *beaux* des corbeaux,
> « Plaidant que leur ramage égale leur plumage.
> « A leurs droits, à leurs cœurs il met pour vrais niveaux
> « Les millions annexés. Mais ce n'est qu'un fromage
> « Pendant à ces millions, qui dicte son langage :
> « L'on peut donc relancer ce renard Chicaneau,
> « Lorsqu'il gratte si fort Messieurs *de* Monternault,
> « Joguet et de Bourmont, Pisson et Morisseau;
> « Lorsque sur nos millions convoitant une proie,
> « Patelin fait pâmer tous vos corbeaux de joie. »

(Variante des *Souvenirs d'abbaye*, poésies légères par M⁰ Raisin, avocat. H. Mercier, éditeur.)

Vous voyez qu'il ne faut pas, Monsieur, trop compter sur

votre confrère genevois pour vous fournir la vérité à propos de vos clients. S'il n'abuse pas habituellement de la vérité, s'il ne se pique jamais lui-même d'en être le fanatique adorateur, il ne faut pas demander en ce moment qu'il sacrifie le plus beau des fromages de sa vie.

Pour démontrer que ses patrons ont raison dans la lutte engagée, Maître Raisin se contente de faire connaître qu'ils possèdent encore la caisse. Prétendrait-il, comme eux, qu'il suffit de tenir la clef des millions pour en disposer comme propriétaire? Dans tous les cas, ce n'est point, j'imagine, la séquestration de la caisse par vos clients qui rendra meilleurs les titres de la Compagnie et moins mauvaises les actions des administrateurs. Mais la question n'est point là, il s'agit de tout autre chose dans cette seconde lettre.

Lors même que les anciens administrateurs auraient dilapidé tous les trésors de la Compagnie, lors même qu'ils possédéraient les prestances les plus ventrues, les crânes les plus dénudés, les visages les plus blafards, les profils les plus pointus, les yeux les plus éteints, les lunettes les plus fausses; lors même qu'ils seraient les plus menteurs, les plus intéressés, les plus venimeux, les plus couards des hommes, lors même qu'ils sauraient habituellement pratiquer la calomnie comme d'autres recherchent la vérité et cultivent la science, cela ne prouverait pas l'équité des *bénéfices illicites*, l'innocence des *pots de vin*, l'honnêteté des *détournements* articulés dans leurs libelles.

Toutes ces indignités, tous ces gros mots se trouvent mentionnés, Monsieur, dans les pamphlets intitulés *Lettre aux actionnaires* et *Mémoire au Conseil fédéral*.

Vous avouerez bien, je l'espère, qu'un pareil langage, de semblables attaques peuvent échauffer la bile la plus calme, justifier d'involontaires vivacités et légitimiter tous les entrainements de la défense.

Il faut donc laisser là les masques de ces Messieurs pour aborder leurs dires, leurs actes, leurs prétentions; pour feuilleter enfin votre dossier.

Presque toutes les calomnies des anciens administrateurs sont réfutées dans deux *citations en police correctionnelle*, à ma requête et à celle de M. Claivaz, citations qui demandent compte

de leurs allégations à MM. Monternault, Morisseau, de Bourmont, Pisson et Mercier devant la justice exceptionnelle.

Toutes les personnes de ma connaissance ayant lu nos deux
citations prétendent qu'il n'y a rien autre chose à répondre à
ces messieurs, que les deux réfutations font victorieusement
justice de leurs odieuses attaques, et que la police correctionnelle
ne saurait refuser de leur infliger un châtiment mérité, s'ils ne
réussissent pas à tromper la justice sur l'alibi et sur l'anonyme.

Je vous envoie ces deux citations, Monsieur. Elles me dis-
penseront d'un trop grand nombre d'explications.

Je tiens cependant beaucoup à porter une conviction entière
dans votre esprit, et j'insisterai seulement sur des questions
qui n'ont pu être traitées avec assez de détails dans un acte
judiciaire. Je reviendrai sur des points qui n'ont pas été suffisamment développés.

On m'assure, Monsieur, que vous vous êtes déjà occupé de
Compagnies de chemin de fer. Vous savez par conséquent
quelles sont les difficultés que rencontrent la création de ces
grandes entreprises, les études et les dépenses préliminaires.
Vous savez quels efforts, quelle persévérance réclament la réunion du capital et l'exécution rapide d'une voie ferrée. Lorsqu'il s'agit d'un chemin de fer à travers les Alpes, les difficultés semblent s'élever à la hauteur des obstacles naturels à fran-
chir, et les efforts des particuliers n'aboutissent souvent pour
eux qu'au découragement et à la ruine.

Sans les subventions gouvernementales, le Mont-Cenis eût
été impossible. Le Luckmanier et le St-Gothard ne sont pas
encore très-avancés malgré les puissants concours, les nombreux millions assurés à ces passages par la Suisse et l'Italie.

Lorsque nous avons abordé la traversée du Simplon, notre
projet a longtemps été traité de folie. Tous mes amis me di-
saient que je rêvais l'impossible, que toute ma vie ne serait pas
assez longue pour faire accepter ma conviction dans l'opinion
publique et pour convaincre surtout les capitalistes.

En effet, une voie ferrée dans la Vallée du Rhône entre le
lac de Genève et le pied du Simplon ne semblait pas devoir
donner un produit en rapport avec la dépense.

Il fallait une ligne entière; il fallait la ligne la plus courte
entre Paris et Milan; il fallait dompter, abaisser, percer le Simplon, il fallait créer la ligne internationale d'Italie.

Cette ligne devait atteindre et dépasser le lac Majeur, pour rejoindre les réseaux ferrés piémontais et lombards, et plus tard s'embrancher sur la descente du St-Gothard ou du Luckmanier en maintenant la jonction sur la rive occidentale du lac Majeur dans l'intérêt de la Suisse, de la France et même de l'Italie.

De l'autre côté elle devait aller rejoindre le chemin de fer de Lyon à Genève, dans la direction la plus courte vers Paris et Londres.

Il fallait réunir les concessions du Valais, du canton de Vaud, de Genève. Il fallait obtenir celle d'Italie, alors que le Ministère piémontais, réclamant du Parlement, des subventions considérables pour le Mont Cenis, ne voulait pas créer de concurrence.

C'était trois cents kilomètres de concession qu'il était nécessaire d'obtenir de plusieurs gouvernements en faisant accepter une compagnie ayant son existence dans un seul canton; bien plus, en faisant accepter un seul homme, qui n'avait d'autre valeur, d'autre garantie sérieuse devant tant de millions exigés, que sa foi vive, son inaltérable persévérance pour l'accomplissement de l'œuvre entreprise.

Vous lirez, Monsieur, le récit de ces trois années de luttes, de fatigues et d'efforts dans *l'Histoire de la Ligne d'Italie*, sous presse. Cette histoire est publiée en forme de lettres: celles que je vous écris en ce moment en feront partie; car il faut que les sociétaires sachent les causes qui ont retardé l'exécution de notre programme; il faut que l'on sache que les plus grandes fatigues, les plus cruels embarras, les plus graves obstacles à l'accomplissement de l'œuvre à laquelle M. Claivaz et moi nous avons donné notre vie et nos forces, nous viennent des collègues appelés par nous pour nous seconder.

Vous lirez, Monsieur, si vous en avez le loisir, les lettres au Conseil d'Etat du Valais; à l'un des hommes d'Etat les plus éminents de la Suisse, M. le Président Allet; au canton de Vaud, à M. le comte de Cavour, au commandeur Paleocapa, au roi Victor-Emmanuel, au Grand Conseil de Genève, à M. le président Fazy; à nos avocats et conseils de Paris, de Genève et du Valais. Vous lirez les lettres aux génies créateurs des chemins de fer Watt et Fulton, aux illustres ingénieurs Stephenson et Flachat, aux actionnaires et aux obligationistes. Vous lirez aussi les lettres échangées entre les deux fondateurs, et vous saurez alors quelles étaient les difficultés à vaincre pour former la ligne d'Italie. Vous saurez quelle était la grandeur du but qui les soutenait; vous pourrez apprécier si la pensée constante de poursuivre une œuvre complète à travers tant d'obstacles pouvait venir à des hommes *avides* consumant laborieusement de longues années de leur vie uniquement par une pensée de lucre, d'un lucre à peu près chimérique. Les hommes avides ne peuvent-ils pas trouver sur les marches de la Bourse et dans cent affaires faciles, dont ils n'ont pas la responsabilité, des résultats plus certains, des gains plus rapides ?

On vous jette à la tête que le principal fondateur avait stipulé dans l'établissement de cette grande ligne internationale, pour lui et ses co-intéressés, un prix d'apport de cinq cent mille francs, c'est-à-dire moins d'un pour cent de tout le capital social; mais sans même examiner si l'on n'avait pas le droit de céder une propriété acquise par tant de travaux et de soins.

L'on ne vous dit pas ce qu'il fallait réunir de concours utiles pour faire réussir une pareille création ; l'on ne vous dit pas davantage comment les fondateurs avaient offert plusieurs fois la totalité de leurs droits réservés, et cela pour la formation du capital ou seulement pour faire le premier million de travaux, afin de rendre plus facile la réunion de ce capital. L'on ne vous dit pas qu'il existe des preuves nombreuses de cette abnégation, de cet abandon complet de tout ce qui pouvait revenir si légitimement aux fondateurs. Demandez donc à vos clients ce qu'ils ont abandonné.

Et quand le succès a été assuré après de si longs efforts, quand des avantages sur lesquels on ne comptait plus sont devenus réalisables, ne savez-vous pas déjà comment le plus clair des bénéfices dus à un si long travail, à de si grands risques, a été prélevé par les ouvriers passifs de la dernière heure. Jamais le *sic vos non vobis* ... n'a reçu une plus éclatante application. *Sic non vobis*, ce n'est pas cependant pour de tels frelons que le miel était préparé, ce n'était pas pour des jeux de banque, pour des commandites de maisons de banque que les actionnaires avaient donné leurs toisons, leurs moissons.

C'est dans les attaques mêmes des adversaires que l'on peut trouver une preuve éclatante du désintéressement des fondateurs, de leur enthousiasme pour *la Ligne d'Italie*, de leur foi entière dans les affirmations qu'ils donnaient au public pour appeler les souscriptions.

Les accusateurs vous disent : « M. de La Valette a donné l'ordre d'acheter à Londres, l'un des marchés de la Compagnie, tout ce qui se présentait d'actions sur la place. Il en a acheté à Londres pour 100,000 fr. En même temps, il en achetait pour la même somme à Paris. Il a versé, en outre, 150,000 fr. pour quinze cents actions qui lui ont été attribuées directement. Il en doit encore mille autres qu'il a souscrites sans compter les acquisitions que l'on ne connaît pas, » et l'on conclut que M. de La Valette « poursuivait avec ardeur la spéculation des actions de la ligne d'Italie. »

Ah! personne ne fera ce reproche aux administrateurs, nos anciens collègues. Personne ne dira qu'ils ont soutenu M. de La Valette dans ses prévoyants efforts pour la création du premier capital, pour le maintien de la valeur des titres, pour la réalisation d'un capital complémentaire si utile à tous les intérêts engagés dans la Compagnie.

Personne ne reprochera à ces administrateurs d'avoir fait le moindre sacrifice et de s'être donné alors d'autres fatigues que celle de la répartition, d'une répartition qui, contrairement à leur attente, n'est pas cependant sans responsabilité d'après les intentions des actionnaires et par suite de certaines révélations assez maladroites des calomniateurs.

Personne ne reprochera à ces administrateurs d'avoir souscrit et acheté beaucoup d'actions, à l'époque de cette répartition.

— Nous attendrons qu'elles soient en baisse, disaient-ils.

Mais aussi personne ne reprochera à M. de La Valette ou à M. Claivaz d'avoir spéculé sur la ruine des actionnaires, et d'avoir songé à des spéculations de bourse basées sur la vente de cinquante mille actions, sur la confiscation de six millions.

Puisque l'on a fait tant d'efforts opiniâtres pour dénaturer mon concours dans la formation complète du capital social, je suis bien forcé de signaler ici une des mauvaises actions de mes anciens collègues. Lorsque ces faux pasteurs, ces loups dévorants ont voulu exécuter, égorger les deux tiers des brebis si étrangement maintenues sous leur garde par des arbitres, ils ont trouvé intraitables, fidèles au troupeau, faisant la garde nuit et jour, montrant les dents, mordant même au besoin, deux gardiens qu'ils n'ont pu séduire ni décourager.

Il fallait donc les accuser de la rage.

L'on sait qu'il est d'usage en France, dans toutes les formations de Compagnies de chemin de fer, de mettre à la disposition des journaux, des écrivains de la presse périodique, des rédacteurs qui s'occupent spécialement des questions financières, un certain nombre d'actions au pair; c'est une gracieuseté qui les indemnise quelquefois, lorsque les actions font prime, du temps et de l'espace consacrés dans la presse aux questions nouvelles de chemin de fer.

Les personnes qui s'occupaient de la publicité pour la Ligne d'Italie avaient réclamé l'application de cet usage pour tous les rédacteurs ou agents de la publicité, ayant déjà donné ou devant donner leur concours.

Un chiffre de 5,000 actions et non pas de 8,000 avait été demandé. M. Monternault fit remarquer à M. Berr, chargé plus spécialement de cette répartition dans la presse, que le chiffre était trop considérable; il fut convenu que la demande serait réduite à 2,500; c'était à peu près le chiffre des demandes partielles dont M. de La Valette était dépositaire au nom de la presse. M. Monternault proposa à M. de La Valette de faire une seule demande collective; M. de la Valette voulut mettre sur cette demande *pour la presse*, M. Monternault fit supprimer le mot en disant que c'était bien entendu, et que ce mot pourrait faire mauvais effet.

Les habitudes de négation et d'attermoiement de quelques administrateurs firent remettre de jour en jour la seconde souscription projetée, les actions descendirent au-dessous du pair, le nouvel appel devint impossible, et les deux mille cinq cents actions furent laissées à la souche.

Près d'une année après, des scissions commencèrent dans le Conseil, l'on songea alors à ressusciter la demande d'actions que l'on avait fait signer par M. de La Valette et que la presse avait abandonnée.

En vain M. de La Valette se récriait sur l'étrangeté, l'injustice, la mauvaise foi d'un tel procédé; les actions avaient été réservées dans l'intérêt social, disait-il, la Compagnie devait les placer elle-même. Il avait eu tous les embarras de la souscription, il avait déployé pour cette souscription toute son activité, toute son intelligence : le résultat avait dépassé toutes les espérances; la seconde souscription préparée par lui était la fortune de la Compagnie; les actions avaient été réservées pour la presse dans ce but, il était injuste et même déloyal de lui en laisser la responsabilité.

L'occasion était trop belle pour satisfaire certaines jalousies, certains désirs de Direction, certaines ambitions; pour dénaturer un dévouement embarrassant inhabile à comprendre les jeux de bourse. On répondit à M. de La Valette que s'il y avait un malentendu, s'il était fâcheux de subir une responsabilité, l'on se devait à sa signature et qu'une simple conversation, une parole n'était pas un contrat.

Pour éviter alors toute difficulté, M. de La Valette consentit à lever le chiffre proportionnel, le chiffre le plus fort qui avait été donné en moyenne aux souscripteurs.

Après une souscription qui a dépassé de beaucoup le capital appelé, jamais une administration ne peut forcer les souscripteurs qu'à lever le chiffre proportionnel de la répartition. Les tribunaux avaient à cet égard prononcé plusieurs fois souverainement.

Les trois cinquièmes de la souscription étaient le maximum de la répartition; je levai donc en mon nom les trois cinquièmes de la demande dépassée, et je versai cent cinquante mille francs, laissant bien entendu la demande dans les archives avec toutes les autres demandes des souscripteurs, ne croyant devoir y attacher aucune importance, et ne soupçonnant pas que l'on pourrait un jour songer à la ressusciter contrairement à toutes les décisions des tribunaux.

J'ignorais alors ce que je devais attendre des ressentiments, des calculs et de la haine; j'ignorais que s'il y avait impossibilité de me faire devant les tribunaux une réclamation sérieuse au sujet de cette demande périmée et annulée par le lèvement des 1,500 actions proportionnel à la souscription, il deviendrait possible d'en faire la base d'une calomnie comme toutes les autres, un moyen de dénaturer mon intervention dans la défense des actionnaires.

En effet, quatre ans après l'on a eu l'indignité d'exhumer

à nouveau cette demande et de m'en parler pour la première fois. C'est à la veille du 25 Septembre 1860, lorsque la lutte était le plus violente. L'on essaya d'abord timidement par des insinuations, plus tard par des réclamations individuelles, de parler de ces mille actions qui ne me regardaient plus à aucun titre.

M. de Bourmont avait aussi fait une demande de 600 actions, mais pour des commettants dont il avait reçu les fonds[1], et il n'en avait pas levé comme moi les trois cinquièmes: aussi dans un Conseil, il fut décidé que l'on poursuivrait M. de Bourmont, et mes adversaires eux-mêmes n'osèrent pas soutenir contre moi leur réclamation d'une manière ferme; l'on prononça l'ajournement en ce qui me concernait pour les deux cinquièmes si étrangement ressuscités.

Ces insinuations, les demi-réclamations, les allusions plus ou moins convenables qui s'y rattachaient, me sont devenues insupportables, et j'ai pris moi-même le parti de faire cesser judiciairement tout le tapage que l'on essayait de faire en dénaturant la portée et la valeur des deux mille cinq cents actions réclamées pour la presse sous mon nom, et dont j'avais déjà consenti si bénévolement à lever les trois cinquièmes comme tous les autres souscripteurs.

J'ai introduit à ce sujet une instance devant le Tribunal de commerce de Genève.

Tandis que cette instance était pendante, elle l'est encore, les anciens administrateurs qui n'avaient plus aucune qualité pour représenter la Compagnie devant des arbitres nommés avant l'établissement du séquestre, ont posé des conclusions contre moi personnellement qui n'étais pas en cause en ma qualité privée; les conclusions me réclamaient cent mille francs pour mille actions; je n'ai pas eu connaissance de ces conclusions, je n'étais pas en cause devant ces arbitres, la question des mille actions était déférée par moi-même au Tribunal de commerce de la même ville, et cependant un samedi, pendant que j'étais à Paris, nos avocats de Genève reçoivent des arbitres pour le lundi suivant une lettre de convocation qui ne leur dit pas même l'objet de la réunion, et dans cette

---

[1] Il a satisfait ces commettants avec des actions que je lui ai fournies, ainsi qu'il résulte de ses reçus.

séance, malgré leurs protestations contre la double incompétence de ces arbitres, malgré le *litige pendant*, malgré une demande de remise faite par les avocats pour avoir au moins des pièces de leur client à Paris, les arbitres adjugent aux adversaires par défaut leurs conclusions étranges, le droit de me réclamer cent mille francs, et les adversaires ont l'audace de répandre en France et en Suisse cette prétendue sentence comme définitive; ils ont l'audace de dire, d'écrire et colporter que M. de La Valette ne défend les actionnaires que parce qu'il doit cent mille francs à la Compagnie.

Je vous laisse, Monsieur, le soin de juger de tels procédés, de telles indignités dont je tiens toutes les pièces justificatives à votre disposition.

L'on n'a pas lieu, du reste, d'être surpris de telles affirmations, avec des adversaires d'une aussi insigne foi; lorsque l'on parcourt tout le dossier de leurs attaques, l'on y trouve des choses encore plus osées et du moins plus invraisemblables; lorsque l'on suit leurs manœuvres, leurs combinaisons machiavéliques, rien de ce qui vient d'eux ne peut plus étonner.

On reconnaît assez généralement en Suisse que la loi sur les arbitrages est à refaire à Genève, et depuis longtemps l'on en signale tous les dangers.

Les cent mille francs si lestement adjugés, l'exclusion des cinquante mille actions qui n'étaient pas en cause au débat, les actes législatifs d'un canton également sabrés par les arbitres prétendant qu'il suffit de juger vite pour juger bien, me rappellent un autre jugement arbitral tout récent à Genève, jugement dont il n'est pas permis de faire appel en vertu de la loi genevoise sur les arbitrages.

Une somme de trois mille francs était portée au crédit de l'un des plaideurs : les arbitres se trompent dans une addition, la mettent à son débit. Après la sentence, toutes les parties reconnaissent l'erreur. Partout l'erreur ne fait pas compte. Mais à Genève, la décision arbitrale est infaillible et irrévocable; au lieu de toucher trois mille francs, la victime de l'erreur a été forcée d'en payer trois mille: préjudice, six mille francs. Elle aurait eu à toucher cent mille francs, une erreur des arbitres aurait mis les cent mille francs à son débit, c'était la même chose; voilà un plaideur ruiné, qu'importe? les arbitres sont infaillibles

Ne pensez-vous pas, Monsieur, qu'avec le maintien d'une pareille loi l'on fera bien d'instituer des neuvaines ou des jubilés pour obtenir que la science et l'intégrité des arbitres soient également infaillibles?

Cette histoire de trois mille francs et cette aventure de cent mille me rappellent l'une des attaques curieuses de votre mémoire, une histoire aussi de crédit et de débit.

On peut faire de très-beaux chiffres de dettes dans toutes les affaires, dans tous les comptes, en additionnant toujours les crédits et les débits et en portant le total au débit.

Vous avez été trompé, Monsieur, dans cette question par de bien vilains mensonges; un déplorable piége a été tendu à votre signature dans l'attaque que je relève ici avec plus de dédain que de colère, je vous assure, malgré toutes les petites infamies que MM. Monternault, Morisseau et de Bourmont ont organisées pendant trois ans à propos de ce compte pour lequel je n'ai jamais pu obtenir un arbitrage.

Je lis dans votre mémoire : « C'est ainsi que, sous le prétexte de répétitions à exercer contre la Compagnie, M. de La Valette avait prélevé sur la caisse la bagatelle de 62,000 francs, en partie pour de prétendus voyages et déboursés faits avant la constitution de la société, et qu'en outre il s'était approprié 32,500 francs provenant des intérêts du cautionnement déposé pour garantie de la concession sarde. »

Je laisse de côté la forme et les mots; car j'ai la conviction que vous ne risquerez plus votre signature sans lire, et que vous ne mettrez plus désormais votre nom au bas de pareilles injures contre moi et M. Claivaz.

Je reviens au fond de la question, déplorant les nécessités de la défense qui exige souvent le longues pages pour écraser une seule insinuation, et qui réclame tant de coups de talon pour atteindre la tête, le venin de cette affreuse petite vipère qu'on appelle un mot calomnieux.

Et d'abord les 62,000 francs dont vous parlez n'ont pas été prélevés par M. de La Valette sur la caisse, comme vous le dites; mais ils sont réclamés par lui, ce qui fait une grande différence : c'est la différence du crédit et du débit.

Ensuite les *prétendus voyages* sont quatorze grands voyages faits par M. de La Valette dans l'intérêt de la Compagnie, souvent avec plusieurs personnes; des voyages qui ont duré quelquefois un mois, un mois et demi, qui ont toujours atteint le but désiré par le Conseil, qui ont toujours accompli le mandat dont il était chargé. Ces *prétendus déboursés* sont des achats de mobilier, des paiements d'annonces, des paiements faits aux employés, des fonds déposés dans la caisse de Martigny, des sommes données à des administrateurs; des impressions, des honoraires payés. Et, dans ce compte de soixante mille francs, il ne figure aucune note antérieure à la formation de la Compagnie.

Les 32,500 francs, dont vous parlez, ont servi à payer une partie de ces dépenses; ils diminuent donc aussi une partie de mon compte de réclamation. Il y a encore 11,000 francs environ que j'ai reçus, et dont vous me parlez pas, et qui diminuent d'autant aussi ce même compte : le surplus doit être mis à mon crédit, et non pas à mon débit. Une commission composée de MM. Zen-Ruffinen, Claivaz et William Austin m'ont alloué 60,000 francs. Si j'ai touché 43,600 francs, ce sont 16,500 francs qui me seraient dus, et que je n'ai pas touchés.

Vos clients, vous le voyez, Monsieur, ont une singulière manière de grouper les chiffres, surtout quand ils les envoient à Berne. Je ne suis pas surpris que M. de Joguet, le loústic de la troupe, ait prétendu qu'il viendrait à bout de tromper, de *berner*, disait-il, tout le Conseil fédéral.

Je fais des vœux pour que M. Monternault, en ce qui touche son beau-frère dont il est civilement responsable, réponde aussi nettement au sujet de deux millions de francs d'expropriation des terrains du Valais.

Je fais les mêmes vœux de bon chrétien, oubliant peut-être trop facilement les injures, pour que M. Monternault et ses assesseurs démontrent leur parfaite innocence et affranchissent leur responsabilité au sujet des sept mille actions que les répartiteurs, malgré la lettre d'avis du gouvernement du Valais, ont étrangement réservées, si l'on s'en rapporte aux maladroites accusations de leurs libelles, pour les laisser au compte de l'Etat si elles étaient en baisse, pour leur donner des preneurs si elles faisaient prime.

Vos clients, Monsieur, ont été bien téméraires de s'aventurer dans cette calomnie, de vouloir lancer aux fondateurs cette machine infernale qui éclate dans leurs propres mains. Il ne leur suffira peut-être pas de mes vœux et de notre pardon, pour leur assurer la clémence des actionnaires.

Vous les verrez peut-être faire l'essai de ce pilori qu'ils ont voulu perfidement dresser pour les fondateurs. Vous verrez qu'ils seront frappés de ces verges rassemblées par eux, et qu'ils recevront sur le plateau même de leur échafaudage l'un des châtiments les plus sensibles qui puissent atteindre de semblables méchants et de tels calomniateurs.

Si vous prenez la peine de lire ma deuxième lettre au Conseil fédéral sur les engagements de l'Etat du Valais et l'exonération de ces engagements, vous comprendrez jusqu'à quel point les calomniateurs ont été imprudents : vous reconnaîtrez qu'en maniant ce poison des sept mille actions ils l'ont versé, par erreur, dans leur propre verre.

N'est-ce point d'ailleurs une loi de haute et divine justice qu'on soit toujours puni par où l'on a péché [1]?

[1] Les calomniateurs accusent M. de La Valette :

D'avoir, en Mai 1856, *sans consulter le Conseil d'administration, exonéré legouvernement du Valais* de l'obligation de prendre huit mille actions de la nouvelle Société en paiement des bois, des terrains et travaux à fournir par le Gouvernemcnt, et d'avoir caché cette négociation à ses collègues, dans le but de s'attribuer ces huit mille actions si elles faisaient prime ; d'avoir ainsi *fait perdre à la Compagnie sept cent mille francs dans la pensée d'une spéculation, d'un gain illicite, honteux* (pages 24, 25 et 26).

Si quelqu'un a eu l'intention de réserver ces huit mille actions, dans une pensée de lucre au lieu de les distribuer, il est facile de démontrer que l'inculpation ne peut retomber que sur les accusateurs eux-mêmes, qui pourraient bien un jour être forcés par les actionnaires et par la Commission de séquestre à prendre à leur compte les sept mille actions non distribuées par eux.

En effet, lorsqu'après avoir réuni le capital et obtenu des souscriptions qui, en France, ont été plus de trois fois supérieures au chiffre appelé dans ce pays, M. de La Valette est parti le 28 Mai, pour régulariser, en Suisse et en Italie, la position de la Compagnie, et assurer, notamment en Piémont, les concessions qui complétaient le réseau, — MM. de Bourmont et Morisseau, comme administrateurs ; M. Monternault, comme seul directeur présent à Paris à cette époque, ont été plus particulièremeut chargés de la répartition et de la réduction des souscriptions. M. de La Valette leur avait dit, avant de partir : « Distribuez les actions destinées au Valais, qui n'a aucun intérêt à prendre ces titres immobilisés pour lui pendant plus de dix ans ; la seule clause importante dans cette attribution d'actions est la garantie proportionnelle de 4 p. %, donnée par l'État sur le revenu de ces actions. » — Arrivé en Valais, M. de La Valette a négocié dans ce sens avec le Gouvernement, et il a déclaré, dans sa lettre au Conseil d'Etat, lettre pour laquelle il réservait la ratification du Conseil d'administration, que la distribution aux souscripteurs des actions réservées à l'Etat *ne devait changer en rien la garantie que l'Etat avait bien voulu donner à la Compagnie pour le service des intérêts à 4 p. %.*

La brochure anonyme des calomniateurs cite elle-même cette réserve ; elle cite aussi la lettre du Conseil d'Etat, écrite en réponse le 30 Mai au Conseil

Vous ne pouvez, Monsieur, pénétrer dans tous ces mystères, dans toutes ces violences sans ressentir quelque indignation contre les conjurés qui vous ont trompé pour que vous les aidiez à tromper les gouvernements et l'opinion publique; contre les prestidigitateurs qui ont fait devant vous toute espèce de tours, de voltiges et de sauts périlleux, qui ont évoqué les plus étranges créations de fantasmagorie pour attribuer à leurs adversaires la paternité des monstres échappés à leur malfaisante imagination, et des combinaisons suspectes dont ils sont les seuls auteurs.

Comprenez-vous maintenant, Monsieur, combien vous devez vous défier des affirmations de vos clients, de leurs tours, de leurs voltiges? N'avons-nous pas raison de dire que ces escamoteurs ont, pour calomnier, fait exécuter aux chiffres toute sorte de cabrioles et de passe-passe?

Il n'en eût pas fallu autant à M. Paillet pour leur jeter au nez leur dossier.

d'administration, dans laquelle l'Etat demande de limiter la souscription à mille actions et de distribuer le reste aux nombreux souscripteurs.

Lors de l'envoi de cette lettre, M. de La Valette était déjà en route pour Turin, où il est resté plus d'un mois pour obtenir le passage des Alpes en voie ferrée au Simplon, alors que le Gouvernement piémontais voulait réserver le monopole de ce passage au Mont-Cenis. C'est M. Mouternault, seul directeur présent à Paris, qui seul a ouvert, à cette époque, la correspondance pendant qu'il faisait la répartition. — Si, comme le prétendent les accusateurs, il pouvait y avoir, au sujet de ces actions, la pensée de les accaparer en cas de prime, et de les laisser pour compte de l'Etat ou de la Compagnie, en cas de perte; s'il y a eu pensée *de gain illicite* et *de spéculation*, il est facile de savoir sur qui peut retomber l'accusation, et qui, dans la Compagnie, a l'habitude journalière de ces spéculations de bourse.

A quel titre M. de La Valette serait-il venu réclamer seul l'attribution, de ces huit mille actions, lorsqu'il avait si vivement demandé leur distribution avant son départ, et lorsqu'il devait croire que le Conseil d'administration n'avait pu refuser la demande de l'Etat du Valais?

Ne faut-il pas vraiment bien compter sur la crédulité des actionnaires, sur leur ignorance de l'affaire pour imputer à M. de La Valette la responsabilité de la transaction avec l'Etat, lorsque l'on publie soi-même des pièces qui contredisent les assertions, lorsque l'on sait aussi bien que tout le Conseil d'Etat, que tout le Grand-Conseil du Valais:

1° Comment le Président du Conseil d'Etat, M. Allet, est venu lui-même à Paris pour traiter directement avec le Conseil d'administration cette transaction incriminée si odieusement;

2° Comment cette transaction, malgré les lettres et réclamations de l'Etat, n'a pu être terminée que le 24 Mai 1857, c'est-à-dire un an après la prétendue exonération par M. de La Valette.

N'est-il pas dès lors bien évident que ces anciens administrateurs trompent sciemment les actionnaires quand ils leur font distribuer d'aussi invraisemblables, d'aussi ridicules mensonges?

(Extrait de la Plainte en police correctionnelle contre les auteurs du libelle.)

Mais vous en verrez bien d'autres. Voulez-vous que nous abordions de suite vos gros chiffres avec lesquels il était si facile de m'assommer par leur pesanteur, si on avait pu toutefois me bâillonner et m'empêcher de couper toutes les cordes avec lesquelles on me les attachait au cou pour essayer de me noyer?

Voyons donc ces sommes « que j'ai su me faire compter à « l'aide de contrats simulés, » que les entrepreneurs ont eu la bêtise de payer après un an de luttes entre les divers prétendants aux traités d'entrepreneurs, après une année d'examen et d'intervention du Conseil. Voyons donc ces sommes que la société a dû dérober aux actionnaires pour me les donner; voyons ces paiements frauduleux dont tous les administrateurs ont été complices pendant quatre ans, puisque cé beau tapage et les 1,800,000 francs apparaissent tout à coup après avoir été cachés par tous les administrateurs pendant ces quatre années comme un crime de mélodrame, comme le secret de l'homme au masque de fer.

Dans le premier libelle il n'était question d'abord que de 600,000 francs *de bénéfices illicites* attribués aux fondateurs de la ligne d'Italie (page 16). Il est vrai qu'à la page 18, oubliant le premier chiffre, on porte les bénéfices à 826,000 fr. A la page suivante, les calomniateurs redoublent de courage : ils les portent à un million sans dire pourquoi. *Crescit eundo vires malicia. En cheminant la perfidie grossit les chiffres.*

Un mois après, dans le libelle adressé au Conseil fédéral, la calomnie s'est accrue successivement jusqu'à près de 1,900,000, absolument comme un commérage qui aurait voltigé de portière en portière, dans toute la longueur d'une rue de Paris.

Il paraît qu'il n'est pas si facile qu'on pourrait le croire de mentir. Il faut avant tout mettre bonne mémoire aux menteurs et aux calomniateurs. Il leur faut aussi d'autres qualités que je me propose d'énumérer dans une de mes lettres.

Il est dit, page 11 de votre pamphlet : « En conséquence, les indemnités que MM. Delahante et Hunebelle, ou, pour parler plus exactement, la société avait à payer à M. de La Valette et consorts, se composaient des sommes suivantes..... »

Les dites sommes sont classées avec un grand ordre sous

toutes les lettres de l'alphabet. Qu'importe, du reste, qu'elles n'aient jamais existé, ou que l'on y mette un zéro de plus?

Le décompte est établi le plus sérieusement du monde, les badauds ne peuvent pas supposer que l'on fait défiler sous leurs yeux des chiffres fantastiques.

C'est absolument comme les pièces authentiques que le signataire du premier libelle mettait à la disposition du public, en ayant soin de ne point donner donner son adresse.

Vous seriez peut-être bien embarrassé, Monsieur, pour me dire où vous avez pris les millions, demi-millions et quarts de millions que vous mettez dans ma caisse sans la rendre plus riche; pour me dire du moins par qui, par quoi me sont garanties ces richesses à venir. J'éprouverais un si grand bonheur à les rendre aux actionnaires, pour les indemniser un peu des pertes qu'ils réclameront peut-être en vain de M. Monternault et consorts.

Hélas! je le sais bien, les actionnaires et moi nous sommes dans tout cela en présence des zéros les plus impuissants, les plus malfaisants, les plus insaisissables; en présence de zéros qui voltigent sans valeur, sans raison, de zéros qui exécutent les plus ridicules et les plus sottes cabrioles du monde.

Tantôt vous ajoutez à la droite d'un nombre un zéro qui donne quinze cent mille francs, au lieu de cent cinquante mille; tantôt vous placez devant des zéros toutes les unités qui donnent une apparence de vie au néant.

Vos clients, Monsieur, riront bien de moi quand ils me verront prendre la peine de réfuter sérieusement ces mauvaises plaisanteries de chiffres qu'ils vous ont commandé d'aligner.

Oui, Monsieur, vous le reconnaîtrez, ils se sont moqués de moi, du public et de vous; cependant ils pourraient bien ne pas rire de si bón cœur, en jetant les yeux sur la dernière partie de l'alphabet si bien commencé sous leur inspiration.

Ne vous effrayez pas trop, Monsieur, vous n'avez que vingt-quatre lettres de l'alphabet à épeler; des lettres de l'alphabet qui seront lourdement chargées et surchargées, il est vrai, mais qui ne sont pas dépourvues d'un côté instructif et moral.

Il s'agit de neuf millions qui auraient été détournés de la ligne d'Italie : ces neuf millions méritent bien neuf minutes de lecture.

Envoyez chercher un barême, si vous voulez vérifier les additions, les soustractions, les multiplications, les divisions qui ressortent de ces lettres; mais n'oubliez pas le renfort d'un Cujas, si vous voulez étudier les gros procès que peut enfanter l'abus des quatre règles dans la danse des chiffres.

Vos empoisonneurs ont pris la première moitié de l'alphabet pour y classer leurs exagérations, leurs impostures que dissipe et détruit le plus simple examen : je m'empare des dernières lettres pour y consigner les chefs d'accusation, les dilapidations, les fautes lourdes, les pertes authentiques dont les actionnaires, les obligationistes et le gouvernement suisse ont l'intention de demander compte à vos clients.

Souhaitez-leur, Monsieur, de passer sains et saufs à travers tant de responsabilités encourues, à travers les millions dilapidés par eux; souhaitez-leur de s'exonérer de la dernière moitié de mon alphabet avec autant de facilité que MM. Claivaz et de La Valette auront décomposé et réduit en fumée les sottes inventions étiquetées dans cet abécédaire passablement risqué de vos empoisonneurs, que vous ne choisirez certainement pas pour apprendre à lire à vos enfants.

Abordons votre bilan de comptes fantastiques :

A. Pour l'apport de la concession	500,000
B. Comme conséquence de la convention passée avec M. Peaucellier et Compagnie	150,000
C. Pour les réclamations de M. Barré. . . .	50,000
D. Pour celles de MM. de Laterrière et Legrand-Duruflé	300,000
E. En vertu de la convention conclue avec MM. Hunebelle et Compagnie, un demi pour cent de la somme de 12,500,000 francs stipulés comme prix de l'entreprise.	192,500
F. Le douze et demi pour cent du prix d'entreprise de MM. Chaney et Chauffriat que M. de La Valette s'est réservé, s'élevant, à teneur de l'obligation souscrite en sa faveur, à	500,000
G. Dix pour cent du prix d'entreprise de M. Batisse, s'élevant à environ deux millions de fr. .	200,000
Total :	1,892,500

« Dans ce calcul, ajoute votre libelle, l'on n'a pas tenu compte de l'estima-
« tion exagérée des travaux exécutés jusqu'au 1er Juillet 1855, non plus que

« que des traités passés avec MM. Pignat, Chapie et Oron, dans lesquels
« M. de La Valette n'aura pas négligé ses intérêts particuliers. »

Pourquoi donc vous arrêter en si beau chemin dans l'alignement de votre bilan, et ne pas mettre un chiffre quelconque donné par MM. Pignat, Chapie et Oron, trois Valaisans? Etait-il donc plus difficile d'inventer pour ces traités que pour les autres?

Ne pouviez-vous ajouter une lettre de plus à votre alphabet d'apothicaire, et sous la lettre **H** classer une petite somme de 107,500 francs pour tous ces traités? vous auriez ainsi arrondi les deux millions.

Deux millions, ce n'est pas assez pour la calomnie. Il faut continuer l'alphabet.

En feuilletant les pages de votre factum dicté par les anciens administrateurs, on trouve bien d'autres pertes sociales oubliées dans vos additions et qui incombent selon vous à M. de La Valette, si elles n'ont pas toutes été *empochées* par lui, comme vous le dites, en leur nom sans doute, avec un si délicat atticisme.

I. Le prélèvement pour prétendus voyages et prétendus déboursés dont j'ai déjà parlé : cette jolie histoire de crédit porte au débit. . . .   62,000

J. A compte, réellement touchés sur les dépenses et portés aussi au débit, sans tenir compte du crédit   32,500

K. Redû trois cinquièmes sur 1,500 actions au porteur, que les empoisonneurs supposent gratuitement avoir été toutes gardées par M. de La Valette   225,000

L. Pour mille actions que l'on veut faire revivre sur son compte, contrairement à la répartition faite à tous les souscripteurs   250,000

M. Pour les 7,000 actions du Valais, dont on veut jeter à M. de La Valette la responsabilité appartenant à MM. Monternault et consorts [1] .   1,750,000
                                        2,319,500

---

[1] Lire la 2me lettre au Conseil fédéral, qui traite cette question d'une manière toute spéciale, lettre que vos clients regretteront peut-être cruellement d'avoir provoquée.

Ainsi les petites calomnies éparses dans les deux libelles et oubliées dans le compte fantastique qui précède, donnent encore au total . . 2,319,500

En y joignant le compte précédent 1,892,500

Total général des *comptes bleus*, revenant-bons ou pertes à la charge de la Compagnie, et que les ci-devant administrateurs attribuent sans plus de façon à M. de La Valette 4,211,500

Quatre millions deux cent onze mille cinq cents francs de bénéfices illicites, de pots-de-vin et de pertes pour la Compagnie.

Vous le voyez, Monsieur, les empoisonneurs n'ont pas dit en vain aux affreux petits monstres calomnieux qu'ils ont enfantés : « Croissez et multipliez. » Leurs énormes et tortueuses vipères ont pullulé et se sont engraissées dans ces libelles comme les crapauds dans les marais, comme les rats dans les égoûts.

Vires eundo crescit calomnia fetida.

En cheminant, la calomnie a bientôt décuplé son capital et ses dividendes.

En vieillissant, les parfums qu'exhalent les Monternault, les poisons que distillent les Bourmont, Morisseau et Pisson, deviennent plus fétides.

Il y avait tout lieu de croire que, dans un nouveau libelle, les empoisonneurs auraient complété leur alphabet de comptes fantastiques.

En attendant les nouvelles impostures, leurs nouvelles falsifications de dates et d'attributions, leurs nouvelles prodigalités de zéros et d'unités, je vais les aider et leur fournir un bilan un peu plus sérieux de pertes sociales qu'ils ont oubliées; je vais continuer leur alphabet.

N. Dix mois perdus par les entraves apportées par vos clients à la conclusion des traités d'entreprise ou d'exécution provisoire en régie [1], au moins 800,000

---

[1] M. Monternault disait toujours: « Nous ne devons pas nous hâter de dépenser notre capital : une compagnie est bien plus florissante avec de bons millions en caisse qu'avec un chemin de fer qui ne rapporte rien. » Ce qu'il y a de plus triste, c'est qu'il a trouvé une majorité pour mettre en pratique un pareil système.

Report : Fr.   800,000

0. Expropriations confiées par M. Monternault et ses amis à la légèreté de son beau-frère. Sur deux millions, c'est indiquer un chiffre très-modéré que de signaler un gaspillage de trois cents mille francs   300,000

P. Comptes et justification de déficits à débrouiller en ce moment devant les tribunaux exceptionnels, avec la responsabilité civile de M. Monternault et de ses associés; environ   100,000

Q. Sur la ligne et sur les bateaux, déficits, détournements, billets vendus ou prodigués   . .   40,000

R. Déplorable exploitation, pertes de tout genre, dont M. Monternault et consorts seront responsables, puisqu'ils ont maintenu le chef d'exploitation beau-frère de M. Monternault, malgré la majorité du Comité de direction. L'estimation de cette perte est très-modérée à   70,000

S. Désorganisation du bureau commercial de Genève, rapportant déjà dix mille francs par mois, et devant, dans une progression rapide et prévue, donner près de vingt mille francs par mois. Pour les quatre mois environ.   . . , .   60,000

T. Location du bateau le *Guillaume-Tell*, à raison de cent douze francs par jour, location inutile puisqu'on laisse dans le port l'un des bateaux de la Compagnie l'*Italie*, et qu'on ne le répare point. Quatre mois de location déjà, sans compter la suite   14,000

U. A l'empoisonneur Pisson, pour le pamphlet *Lettre aux actionnaires*   7,000

V. Parsemés dans les dossiers des avocats pour soutenir la mauvaise cause des vanités et des intérêts individuels   20,000

X. Pour l'Office de publicité de la rue Laffitte, pour les folliculaires, les voyages, les mémoires, libelles, lettres anonymes, etc., environ   . .   100,000

Fr.   1,511,000

Report : Fr. 1,511,000

Y. Pour les annonces et les corruptions de tous genres; chiffre approximatif 100,000

Z. Pour dix-neuf mois d'interruption de travaux pendant lesquels se paient des intérêts énormes, et se gaspillent en pure perte les millions de la Compagnie. Près de cinq mille francs par jour, total de ce chef. 3,000,000

Total général : 4,611,000

Pour compléter ce tableau, il convient de reprendre à l'article **M** l'article des 175,000 francs qui retombent évidemment sur vos clients; mais qu'on ne doit compter que pour onze cent mille, puisqu'il faut garder la proportion des retards de versements sur ces sept mille actions 1,100,000

Total : 5,711,000

Voilà cinq millions sept cent onze mille francs, dont vos clients, Monsieur, vont avoir à rendre compte en face des actionnaires qu'ils ont voulu ruiner et expulser des assemblées générales, devant les tribunaux qu'ils ont trompés par tant de manœuvres et d'intrigues, et devant le gouvernement qu'ils ont outragé avec tant d'insolence et d'opiniâtreté.

N'avais-je pas raison de vous dire que vous feriez bien de souhaiter à vos clients, au commencement de cette année, d'échapper à cette responsabilité, et de pouvoir combattre et détruire ces chiffres avec la même facilité que M. Claivaz et moi nous pouvons déchirer ou mettre au pilori la première moitié de cet alphabet, et toutes ces notes de millions qu'il sert à étiqueter?

La lettre *A* forme le seul chiffre véridique, par le fond et par le nombre, de toute cette nomenclature. C'est le prix des concessions abandonnées à la Compagnie. Les anciens administrateurs ne l'incriminent pas : il est donc inutile d'en faire l'oraison funèbre et de montrer comment les fondateurs ont perdu ce légitime prix d'apport en le dispersant dans la poche des administrateurs, et en convertissant en actions la faible part qui leur restait du prix de leur propriété.

Quant à la lettre *B*, c'est bien différent : il faut rayer les 150,000 francs Peaucellier du compte de M. de La Valette, comme toutes les lettres suivantes sans aucune exception. Le traité Peaucellier a été annulé par sentence de l'ingénieur en chef de la Compagnie : cette sentence ne donne aucune indemnité à M. de La Valette, et celle qu'elle accorde à M. Peaucellier a été distribuée par un syndic et le tuteur d'un associé de M. Peaucellier. A moins que le syndic et le tuteur ne se soient entendus pour donner des *pots-de-vin*, il n'est plus possible de parler de ces 150,000 fr.

C. Les cinquante mille francs attribués à M. Barré par transaction n'ont pu suffire pour payer M. Barré, ses créanciers ou ayants-droit.

D. Les trois cent mille francs de la Société en participation et les cent cinquante mille que vos clients ont oubliés méritent une réponse spéciale, et seront l'objet principal de ma troisième lettre, au grand déplaisir de vos empoisonneurs.

E. Les accusateurs se trompent ; ce n'est pas un demi pour cent, c'est trois fois plus, un et demi pour cent sur le traité Hunebelle, 192,500 francs ; mais ce n'est pas M. de La Valette, c'était M. Hunebelle qui devait recevoir cette indemnité dans le cas où M. de La Valette lui aurait retiré le traité d'entreprise. C'est, vous le voyez, toujours la même histoire du crédit et du débit, et presque toujours le contraire de la vérité. Demandez donc à vos clients de vous signer seulement cette sotte calomnie de 192,500 francs qui n'ont été payés à personne. Demandez à MM. Morisseau et de Bourmont qui ont suivi cette négociation, à qui l'on a donné ces 192,500 fr. et qui les a déboursés.

La lettre *F* et la lettre *G*, montant ensemble à la bagatelle de 700,000 francs, méritent de plus sérieuses étrivières. Si de telles sommes avaient été données ou volées, ne pensez-vous pas, Monsieur, qu'elles devraient motiver de la part des victimes dupées, une demande de restitution? La cour d'assises ne serait pas de trop ; car, pour obtenir le paiement de ces sept cent mille francs, les deux fondateurs ont dû être doublement prévaricateurs et concussionnaires, et même un petit peu faussaires. C'est probablement là le pivot des folles menaces, la terrible épée de Damoclès suspendue dans les lettres anonymes de M. de Bourmont. J'y reviendrai.

Mais pourquoi donc les imposteurs, les empoisonneurs, les calomniateurs n'ont-ils pas arrondi leurs chiffres? Je leur ai déjà montré comment, avec leurs attaques anciennes, ils pouvaient compléter les millions.

Le papier ne pouvait-il donc encore supporter en zéros et en millions toutes les fantaisies de vos clients?

Puisqu'ils étaient engagés dans les cavernes de la calomnie, qui les empêchait d'être aussi prodigues que les romanciers meublant de millions les corbeilles de mariage ou lestant de piastres les navires pillés par leurs pirates?

Je ne sais pas vraiment pourquoi je prends la peine de discuter et d'anéantir tous les gros chiffres de ces comptes fantastiques. Ne croyez-vous pas, Monsieur, qu'avant de plaider la négative il faudrait au moins trouver dans votre dossier quelques preuves ou documents sérieux de l'affirmative? Il est parfois assez difficile de combattre des allégations vagues détachées de documents ou d'arguments : ces sortes d'allégations sont ordinairement insaisissables et ne peuvent être attaquées que par les plus énergiques démentis ou par le dédain.

Si l'on vous disait, Monsieur, que vous avez enterré dans votre cave un banquier anglais ou un prince russe en gardant leur portefeuille ou leur caisse, il me semble que, pour vous forcer à répondre, il faudrait un peu plus que des paroles de fous ou d'enragés.

Quand je réponds à ces calomnies aussi lâches qu'insensées, il me vient par moments l'inquiétude de me rendre ridicule et de ressembler au rhéteur écrivant des volumes pour constater l'existence de la vérité devant les menteurs, l'existence du soleil derrière les brouillards; au touriste se défendant d'avoir emporté du Valais le Mont-Rose ou la Dent-du-Midi.

Ne serait-il pas plus simple même d'employer le procédé de réponse mis une fois en usage par l'un de nos plus spirituels écrivains, Alphonse Karr?

L'auteur des *Guêpes* avait été en butte à une grossière calomnie de la part d'un quidam qu'il avait déjà sévèrement corrigé. Dédaignant de répondre à cette calomnie, il raconta un jour dans ses *Guêpes* le plus sérieusement du monde et avec de grands détails que ce quidam, dînant dans un restaurant, avait enlevé un panier d'argenterie et s'était sauvé à l'étranger. Jamais depuis il n'eut à se plaindre du personnage.

Pourquoi ne pas utiliser cette riposte d'un homme d'esprit, ne serait-ce que pour démontrer que l'attaque la plus violente, la plus gratuite, prend moins d'espace de temps que la défense? Essayons :

Pendant que M. Monternault composait avec son âme damnée, M. Pisson et son digne auxiliaire M. de Bourmont, la machine infernale intitulée *Lettre aux actionnaires*, que M. de Bourmont m'annonçait, dans ses lettres anonymes, devoir éclater sur ma tête, si je ne me hâtais pas de fuir à l'étranger pour laisser probablement ces audacieux spéculateurs opprimer et dévorer plus à l'aise les actionnaires mécontents et continuer l'interruption des travaux; pendant qu'ils fabriquaient en collaboration les poisons destinés aux deux fondateurs, l'on m'a raconté qu'il y a quelques années M. Monternault passait régulièrement trois heures à la Bourse chaque jour, et se livrait à de formidables opérations avec une alternative de succès et de revers; puis que tout à coup il avait fait une absence de six mois, pendant lesquels les revers auraient passé aux profits et pertes.

Pour avoir la preuve du contraire, n'ai-je pas maintenant le droit de demander à M. Monternault s'il tient de ses opérations des livres en partie double plus en règle que ceux de son beau-frère dont il est civilement responsable? N'ai-je pas le droit d'exiger de lui qu'il écrive un livre pour démontrer qu'il est moins dangereux de glisser sur les marches de la Bourse que sur la glace?

M. Morisseau ne m'a-t-il pas dit bien souvent, comme il l'a dit à tout Paris, qu'il avait trouvé dans l'une de ses armoires des bouteilles de poison, de la poudre de succession, qu'il prétendait à son adresse; n'a-t-il pas formulé, à propos de cette découverte, les accusations les plus absurdes?

Qu'il prouve donc qu'il n'était pas lui-même le collectionneur de ces bouteilles. L'attentat à l'honneur est-il moins criminel que la tentative contre la vie?

Le jour où j'ai *réellement* touché 100,000 francs à compte sur les 500,000 francs du pot de vin Chaney-Chauffriat, j'avais dans mon portefeuille 50,000 francs et diverses valeurs et lettres confidentielles. Je posai mon portefeuille sur la table et je sortis un instant : il n'y avait que M. de Bourmont dans la salle du Conseil, et quand je rentrai il affirma que je n'avais rien laissé sur la table.

L'hypothèse aurait-elle plus de gravité parce qu'elle s'affecterait à une somme de cinquante mille francs qu'à une somme de cinq cent mille?

Les 200,000 francs Batisse me font souvenir, à leur tour, d'une erreur de M. Pisson. Il était chargé de la liquidation d'une succession considérable: dans une balance des comptes, il a porté 100,000 francs de recette à la colonne des dépenses; il s'est trouvé par conséquent dans sa caisse privée 200,000 francs de plus, dont il ne s'est pas rappelé l'origine et qu'il a gardés, en attendant plus amples informations, plus vives réclamations.

Eh bien! voilà comme M. Pisson compte et raconte quand il fait des pamphlets contre un ennemi. Je suis prêt à enregistrer toutes rectifications de doit et avoir, si M. Pisson me fournit les preuves d'une erreur.

Je reviendrai, comme vous le pensez, sur les cinq cent mille francs du prétendu *pot-de-vin* Chaney et Chauffriat; c'est un assez gros chiffre, un trop magnifique canard de la Barbarie ou du pays de la Calomnie pour que je ne lui consacre pas les honneurs d'une lettre spéciale.

En travestissant comme ils l'ont tenté la provenance de ce demi-million, vos clients n'auraient-ils pas eu l'intention, Monsieur, de vous faire signer le fameux paradoxe « *la propriété c'est le vol*, » de la même façon qu'ils semblent vouloir vous faire admettre que les actionnaires sont gens corvéables et taillables à merci?

Est-il nécessaire de vous dire ce que vous savez sans doute déjà en partie d'après les actes de votre dossier, que ces 500,000 francs forment le solde d'une propriété vendue par M. de La Valette à MM. Chaney-Chauffriat et Cᵉ, et que l'acte devant notaire que vous citez, et qui contenait une garantie de quatre millions en actions pour assurer ce paiement, a été sanctionné par un jugement du tribunal de première instance et par un arrêt de cour impériale qui ont condamné MM. Chaney et Chauffriat à exécuter le contrat.

C'est l'honorable et regrettable président de la cour impériale, M. Poinsot, qui a signé cet arrêt quelques jours avant l'horrible assassinat dont il a été la victime en chemin de fer.

M. Morisseau a demandé bien souvent à M. de La Valette, devant ses collègues, des nouvelles de cette importante rentrée, en l'engageant à employer une partie de cette somme dans la Ligne d'Italie.

Que faut-il donc penser, Monsieur, des conjurés qui propagent sciemment d'aussi impudentes calomnies? Ne méritent-ils pas le mépris de tous les honnêtes gens, peuvent-ils encore inspirer la moindre confiance aux actionnaires, aux gouvernements, à l'opinion publique; ne donnent-ils pas le droit de dire qu'ils sont coupables de tout[1]?

Je dois dire un mot, sauf à y revenir, des deux cent mille francs Batisse.

[1] Voici un extrait relatif à l'affaire Chaney-Chauffriat dans la plainte en police correctionnelle dirigée contre MM. Monternault et consorts :

Les calomniateurs ont accusé M. de La Valette :

De s'être fait remettre par MM. Chaney, Chauffriat et Compagnie, en 1856, 12 p. % sur les fournitures à faire par la Société Chaney et Chauffriat, et de s'être fait remettre et souscrire par les gérants de cette Société, à titre de pot-de-vin, 500,000 francs, payables immédiatement de mois en mois, et 100,000 francs par mois avec le nantissement notarié de 24,000 actions de la Société Chaney et Chauffriat, soit environ quatre millions de l'actif social (pag. 22 et 45).

Cette calomnie, qui touche à l'absurde, démontre complétement la mauvaise foi insigne des accusateurs et le mépris qu'ils ont fait, dans leur pamphlet, même de la vraisemblance.

En effet, comment croire et essayer de faire admettre à des lecteurs ayant conservé quelque bon sens, que les gérants d'une Société puissent si libéralement donner 500,000 francs immédiatement, et 100,000 francs par mois, et immédiatement aussi quatre millions de garantie pour un vague projet de traité de fournitures, traité auquel est étranger le bénéficiaire des 500,000 francs ; pour un traité qui n'est pas obligatoire pour l'entrepreneur signataire; pour un traité qui oblige déja à une remise de 12 1/2 p. % au profit des entrepreneurs; et qui ne pourrait d'ailleurs avoir un commencement d'exécution sérieuse que lorsque la Compagnie aurait réuni son capital; pour un traité qui ne pourra être exécuté tant que la Société Chancy et Chauffriat n'aura pas organisé de nouvelles usines; pour un traité, enfin, qui sera entièrement à la discrétion de l'entrepreneur, et qui, dans les éventualités les plus favorables, ne pourra dépasser deux millions comme fournitures ?

Ainsi, pour un projet de traité aussi incertain, aussi problématique, MM. Chaney et Chauffriat et Compagnie donnent à M. de La Valette, au dire des calomniateurs, immédiatement 500,000 francs et quatre millions de garanties,

Ce qu'il y a de plus grave dans la production de cette absurde calomnie, c'est que les accusateurs savaient à merveille que ces 500,000 francs étaient le prix d'une propriété vendue par M. de La Valette, et qu'ils lui ont demandé souvent des nouvelles de cette rentrée, en l'encourageant à employer une partie de ce paiement à relever les actions de la Compagnie.

La calomnie s'est-elle jamais montrée plus inique, plus ridicule. plus odieuse, plus criminelle?

Vous connaissez M. Cretton, avocat à Martigny et ancien
Conseiller d'Etat du Valais? Eh bien! adressez-vous à lui pour
ces deux cent mille francs Batisse que j'aurais partagés avec
M. Claivaz. M. Cretton et deux autres arbitres ont été chargés de faire des comptes d'entreprise entre M. Batisse et M.
Baudouin, allié de M. Monternault, demandez-leur dans quel
chapitre des comptes ils ont trouvé les deux cent mille francs;
demandez-le à l'associé de M. Batisse, à M. Baudouin; à M.
Chevreau, le gendre de M. Baudouin; à M. Monternault, le
beau-frère de M. Chevreau, et si vous ne voulez pas attendre
leurs réponses pour avoir une idée du plumage de ce canard
à la Basile avec lequél vos clients se sont joués du public et
de vous, comme les journaux se moquent de leurs lecteurs
avec des canards moins empoisonnés cependant, je vais vous
demander la permission de mettre ici en note un nouvel extrait
de la plainte en police correctionnelle; je n'ai pas abusé de ces
citations[1].

[1] Les calomniateurs accusent encore M. de La Valette:

D'avoir stipulé à son profit personnel, étant l'un des directeurs de la Compagnie, et d'accord avec M. Maurice Claivaz, son collègue, une remise de
10 p. $^0/_0$ sur les travaux entrepris par le sieur Batisse (pages 46, 47, 48, 49 et
102).

Cette calomnie, la plus grave, puisqu'elle est imputée à M. de La Valette
comme directeur, est articulée sans même fournir un commencement de preuves; elle démontre surabondamment toute la mauvaise foi des administrateurs
prévenus: en effet, MM. Monternault, de Bourmont et Morisseau, savent très-
bien que M. Batisse est l'associé de M. Baudoin, dont la fille a épousé le beau-
frère de M. Monternault; que M. Baudoin tenait seul les livres dans l'association avec M. Batisse; qu'une remise quelconque proportionnelle figurerait
sur ses livres; ils ne peuvent avoir oublié que M. de Bourmont a été délégué.
contrairement aux statuts, par MM. Monternault et Morisseau, seuls, pour
aller à Thonon signer sans adjudication et directement au profit d'un associé
de M. Baudoin, allié de M. Monternault, un traité de six millions pour le
Chablais; ils ne peuvent avoir oublié, les pièces ne manquent pas pour le
prouver, l'énergique résistance que les deux directeurs présents à Thonon
ont été obligés de faire pour maintenir le droit d'adjudication et empêcher la
signature d'un traité qui pouvait créer de grands embarras à la Compagnie.

Quel intérêt, par conséquent, pourraient avoir M. Baudoin et son gendre si
gravement accusé actuellement, et si bien protégé par M. Monternault, au scan-
dale de tout le Conseil d'administration et de toute la Suisse, de ne pas produire
par des livres les preuves de cette remise de 10 p. $^0/_0$ donnée à MM. Claivaz
et de La Valette sur les travaux? M. Batisse affirme que ces livres n'ont été
ni lacérés ni brûlés, comme ceux tenus par le beau-frère de M. Monternault,
et pour plus de 800,000 fr. d'expropriations; faits de lacération, de destruction
des livres servant à couvrir des déficits dont les auteurs et les complices vont
avoir à rendre compte devant les tribunaux de Genève et du Valais, et qui, par
conséquent, fourniront une heureuse occasion de montrer la preuve des 10 p. $^0/_0$.
articulés contre les deux directeurs-administrateurs faisant aujourd'hui partie
de la Commission de séquestre.

Pardonnez-moi de ne pas faire les frais d'une page de plaidoirie; mais il y a une plainte en police correctionnelle écrite sur ce sujet par M. Dupont (de Bussac), tellement claire, tellement logique que j'aime mieux vous l'adresser et ne pas plaider après ce maître éminent.

Et puis je me sens fatigué : comment serait-il sain de vivre en contact avec de tels sujets? J'ai besoin de prendre quelque repos ; il n'est pas donné, d'ailleurs, à toutes les organisations, à tous les courages de pouvoir tenir longtemps la main sur des reptiles, de rester plusieurs heures assis sur des vipères; ou de voir pendant toute une journée courir des chenilles, des araignées, sur son cou, sur ses vêtements.

Cette défense, écrite à la hâte et sur la demande réitérée de mes amis, trouble ma bile et agace mes nerfs. Comment consacrer, sans irritation et sans dégoût, une nuit tout entière à réfuter des absurdités, à combattre des ennemis sans foi ni loi, des ennemis gratuits, ou plutôt des ennemis chèrement achetés, à qui l'on n'a fait que du bien; des ennemis déclarant parfois eux-mêmes effrontément qu'ils ne pensent pas un mot de ce qu'ils affirment, de ce qu'ils font dire et écrire en leur nom, avouant que leurs injures et leurs calomnies sont des armes de guerre, et prétendant que, dans la lutte, on peut employer toutes les armes.

Je sais bien qu'il ne faut guère s'attendre à des douceurs, à des caresses de la part de ses ennemis; qu'om ne peut pas les choisir à sa convenance, et que n'a pas même, dit-on, des ennemis qui veut.

Pour moi jamais peut-être je n'ai ressenti un plus vif désir de n'en pas avoir ou de me débarrasser de ceux dont je suis favorisé. Si, par hasard, Monsieur, vous connaissez quelqu'un qui en désire, je suis prêt à lui céder les miens avec du retour, s'il le faut; notamment avec la totalité des millions et demi-millions qu'ils m'ont si libéralement donnés dans leurs grimoires extravagants.

Il faut absolument que je cesse de penser à eux, il faut surtout que je mette fin à cette interminable lettre.

Si je gardais la plume pendant une heure de plus prise sur mon sommeil, je vous prouverais sans doute que l'âme de vos clients est plus noire que l'encre versée sur mon papier, je vous démontrerais que leur cœur est aussi raccorni que leur estomac est flexible et vaste; que leur cerveau est aussi rétréci que leur langue est longue et acérée; je vous prouverais deux fois pour une que'leur véracité se mesure aux impostures de leurs libelles, leur loyauté à la valeur réelle de leurs attaques, leur droiture à l'authenticité de leurs chiffres. J'établirais que leur désintéressement est représenté par l'immobilisation des millions des souscripteurs et la confiscation des deux tiers des actions; leur capacité, par la suspension des travaux et les déchéances encourues.

Je vous prouverais aussi, Monsieur, qu'en vous retraçant la physionomie et les actes de ces opiniâtres démolisseurs, de ces oppresseurs impitoyables, je me suis beaucoup contenu et je n'étais que le faible écho des plaintes et des malédictions que font entendre contre eux les souscripteurs si gravement menacés dans leur fortune.

Lisez donc, Monsieur, les procès-verbaux des assemblées du 25 Septembre 1860, des 6 Juin et 23 Novembre 1861; venez assister à la prochaine assemblée et vous serez bien forcé d'applaudir comme tous à l'intervention protectrice du gouvernement suisse, à la sage institution du séquestre.

L'on se souvient encore à Genève de cette orageuse assemblée dans laquelle je fus obligé de protéger contre l'indignation et l'exaspération des actionnaires les mandataires devenus nos communs ennemis; j'entends encore les demandes de poursuites et de destitution que formulait à l'unanimité la réunion du 6 Juin, et je sens retentir dans ma mémoire et dans mon cœur les applaudissements chaleureux du 23 Novembre qui acclamaient le gouvernement du Valais, les trois cents voix qui s'élevaient avec la même unanimité pour réclamer la déchéance des administrateurs coupables et invoquer le châtiment des oppresseurs endurcis.

Croyez-vous donc, Monsieur, que tels et tels souscripteurs auront versé cent, cent cinquante, deux cents et jusqu'à deux cent cinquante mille francs pour servir la vanité ou les calculs de quelques mandataires, et qu'ils pourront de sang-froid se laisser dépouiller par eux?

Des milliers d'actionnaires et d'obligationistes, soyez-en certain, apposeraient leur signature à côté de la mienne, au bas de tout ce que je vous écris. J'en ai la preuve dans ces fréquentes visites de souscripteurs, dans ces nombreuses lettres que reçoivent à Paris les membres de la Commission de sé-questre.

L'une de ces lettres renferme quelques citations textuelles de la Bible, rappelle aussi le souvenir du dernier jour de Balthasar, et, par ces citations et ce souvenir, semble résumer les plaintes habituelles et la réprobation unanime que font incessamment entendre les victimes de l'ancien Conseil d'administration.

Permettez-moi de les reproduire comme conclusion de tout ce que je viens de vous écrire :

Livre de Job. Chapitre XX.

Verset 5. — « Le triomphe des méchants est de courte durée. La joie du
« fourbe est l'ivresse d'un moment. — 6. Quand son élévation monterait jus-
« qu'aux cieux, et que sa tête atteindrait les nues, — 7. Néanmoins il périra à
« jamais ainsi que l'ordure, et ceux qui l'auront vu diront: « Où est-il ? » —
« 8. Il s'envolera comme un songe, et on ne le trouvera plus ; il s'évanouira
« comme un fantôme dans la nuit.

« 10. Ses enfants feront la cour aux pauvres, et ses mains restitueront ce
« qu'il aura ravi par violence. — 11. Ses os sont pleins de péchés de sa jeu-
« nesse. — 12. Si le mot est doux à sa bouche et s'il le cache sous sa langue ;
« — 13. S'il le goûte et le retient à son palais, — 14. Ce qu'il mangera se chan-
« gera en fiel de reptile. — 15. Il a englouti les richesses ; mais il les vomira,
« et le Dieu fort les jettera hors de ses entrailles. — 16. Il sucera un venin
« d'aspic, et sa langue de vipère le tuera.— 18. Il rendra ce qu'il a acquis à pro-
« portion de ce qu'il avait pris, — 19. Parce qu'il aura foulé et abandonné les
« faibles ; parce qu'il aura pillé la maison, au lieu de la bâtir. »

« 27. Les cieux découvriront son iniquité, et la terre s'élevera contre lui.
« —28. Le revenu de sa maison sera transporté, tout s'écroulera au jour de la
« colère de Dieu. — 29. C'est là le partage que Dieu réserva à l'homme mé-
« chant, c'est l'héritage qu'il recevra du Dieu fort à cause de ses paroles. »

Chapitre XXVII.

« 13. C'est ici le partage de l'homme méchant, que le Dieu fort lui réserve,
« et l'héritage que les violents reçoivent du Tout-Puissant. — 20. Les frayeurs
« les surprendront comme les eaux qui montent. — 21. Le vent d'Orient les em-
« portera dans la nuit comme un tourbillon. — 22. Le Seigneur se jettera sur
« eux et ne les épargnera point ; étant poursuivis par sa main, ils ne cesseront
« de fuir. — 23. Chacun dans les assemblées frappera des mains contre eux,
« et les sifflera de sa place. »

XXVIIme Psaume de David.

« 1. Ne t'irrite point trop à cause des gens malicieux, et ne sois point jaloux
« de ceux qui s'adonnent à la perversité ; — 2. Car ils seront soudainement re-
« tranchés comme le foin, et ils se faneront comme l'herbe verte. — 3. Assure-
« toi en l'Eternel, fais ce qui est bon et te repais de la vérité ; — 4. Et prends
« ton plaisir en l'Eternel, il t'accordera les demandes de ton cœur. — 5. Re-
« mets ta voie vers l'Eternel et te confie en lui, il travaillera pour toi, — 6. Et
« il manifestera ta justice comme l'aube et ton bon droit comme le midi ; —
« 9. Car les méchants seront écrasés, et ceux qui comptent sur l'Eternel res-
« teront debout. — 10. Encore un peu de temps, et les méchants ne seront
« plus, et on les cherchera vainement à la place qu'ils tenaient. — 11. Les
« débonnaires hériteront de la fuite des méchants, et jouiront à l'aise d'une
« grande prospérité. — 12. Les pervers machinent inutilement contre le juste,

« et grincent des dents contre lui. — 13. Le Seigneur se rira d'eux, car son
« jour est venu. — 14. Les hommes de l'iniquité ont tiré le glaive et tendu le
« piége, pour abattre l'affligé, pour dépouiller le faible, pour égorger ceux qui
« marchaient droit; — Mais leur épée entrera dans leur propre cœur, et ils
« tomberont pris dans leur propre piége. — 16. La médiocrité du juste vaut
« mieux que l'abondance des méchants; — 17. Car le pouvoir des pervers sera
« brisé, et l'Eternel est le soutien des intègres. »
    « 35. J'ai vu les pervers terribles et verdoyants comme le laurier. — 36. Mais
« j'ai passé, ils n'étaient plus; je les ai cherchés, ils ne se sont plus trouvés. —
« 37. Il faut considérér les hommes intègres et cheminer avec les hommes droits;
« car les fins de tels hommes sont la paix, le triomphe. — 38. Mais les cou-
« pables seront tous ensemble détruits, et la troupe des pervers sera dispersée.
« — 39. La délivrance des justes viendra de l'Eternel, l'Éternel est leur force à
« l'heure des épreuves. — 40. Et l'Eternel les aidera, et les délivrera. Il les
« délivrera des méchants, et il les sauvera parce qu'ils ont espéré en lui. »

Job et David avaient connu les complots des méchants; ils
étaient vraiment inspirés quand ils flagellaient leurs ennemis avec tant de puissance, de foi et de poésie. Ils parlaient
en prophètes et suprèmes justiciers quand ils appelaient sur
eux les châtiments divins. Avec quelle magnificence ils ont démontré que le règne des méchants a de tristes revers, de
sombres lendemains! Qu'il serait utile aux pervers d'étudier
dans la Bible le livre des Prophètes et des Rois! Qu'il leur serait bon surtout de ne point oublier le récit de la dernière nnit
de Balthasar! Ils entendraient Daniel, au milieu de l'orgie du
festin, traduire au tyran de Babylone et à ses convives la triple
et formidable menace écrite sur la muraille : Mané-Thékel-
Pharès! — « Dieu a compté les jours de votre empire et il y
« a mis fin. — Vos mérites ont été pesés, et vous avez été
« trouvés trop légers. — Votre royaume, votre administra-
« tion des peuples étaient divisés, Dieu les a fait passer dans
« d'autres mains. »
C'est en vain que les coupables tyrans, les infidèles mandataires de la Ligne d'Italie prétendraient perpétuer leur mauvais règne, leur détestable administration. Ils ont méconnu
leur mandat, ils ont semé la division, ils ont traité les fortunes
qui leur étaient remises comme des trésors conquis et abandonnés au pillage. Ils ont ruiné l'association et livré aux écueils
et au naufrage le navire des associés. Au lieu de féconder les
richesses qui leur étaient confiées, ils les ont exploitées à leur
profit et les ont entassées dans la salle même de leurs banquets désordonnés.
C'est en vain qu'ils ont appelé à leurs festins prodigues de
nombreux convives, le nombre des convives comme l'excès des

dilapidations et les délires de l'ivresse ne peuvent tromper, aveugler ou séduire la justice des hommes et de Dieu!

C'est en vain que dans les saturnales de leurs conseils de conjurés et dans leurs audacieux simulacres d'assemblées, ils ont repoussé les avertissements les plus impérieux, ils ont bravé les leçons les plus sévères, récusé, outragé leurs juges, ils ne peuvent se soustraire à leur condamnation!

C'est en vain que, dans l'orgie éperdue de leurs derniers banquets, ces mandataires anonymes, ces tyrans déclarés raillent les misères, les plaintes et les larmes des familles sacrifiées et ruinées; c'est en vain qu'ils prétendent imposer silence aux deux tiers des victimes en décrétant sans cause et sans pitié leur exécution. Les châtiments sont proches! Ce banquet perpétuel de vanités, d'intérêts privés, de frais généraux qui dévorent stérilement le capital, devait avoir un terme; l'orgie des gaspillages et des confiscations devait cesser. Au milieu de cette dernière saturnale organisée par la révolte, les appétits et l'orgueil, l'on aperçoit déjà les mains vengeresses de l'opinion publique, de la justice et des gouvernements qui tracent dans la galerie des festins, dans la salle du Conseil, sur la tête même des coupables, les trois mots fatidiques et menaçants:

Mané-Thékel-Pharès.

Veuillez, agréer, Monsieur, etc.

Cte Adrien de La Valette.

ESCAMOTAGES ET FOURBERIES

DE L'AUTRE MONDE

SOMMAIRE

Pluralité des mondes, singulier monde interlope, le monde où l'on aperçoit que la pagode de Plutus n'est pas le temple de Minerve, — Que les adorateurs du veau d'or ne sont pas des apôtres, — Que les manieurs d'argent ne deviennent pas des martyrs, — Que les payeurs ne croient pas à l'abnégation, à la foi, à l'enthousiasme, — Que les traitants et les jouisseurs sacrifient tout à leurs appétits, à leurs passions, — Que les effrontés se croient tout permis avec l'argent, — Que les accapareurs prétendent pouvoir tout acheter, — Que malgré tous les désirs des mécréants, l'honneur, la justice, les gouvernements et Dieu ne sont pas à vendre.

Une mine exploitée dans le dernier des mondes. — Le champ de foire des charlatans, des empoisonneurs. — Les secrets de Bilboquet, les Saltimbanques en exercice. — Voltiges, passes-passes, escamotages et bonimens des bateleurs en congé. — Tours d'équilibre par *Conventions verbales.* — Petit cours de Contrat Commercial à travers Berne et l'Oberland. — Les manieurs d'argent émigrés chez les pasteurs de l'Age d'Or. — Belle thèse à plaidoiries : Tout ce qui est verbal n'est pas écrit. — Petits jeux de mots de Maître Chicaneau.

Les eunuques ennemis des créateurs. — Voltiges sur les dates par des clowns sifflés. — Cabrioles sur des clauses de traités. — Complicité de syndics et de tuteurs. — Comment il est démontré que le désintéressement est la preuve de l'avidité. — Comment un *liens* de deux millions vaut moins qu'un *tu l'auras,* pris dans trois cent mille francs. — Comment quinze associés ne se sont constitués en société que pour prodiguer leur reconnaissance et leur part d'indemnité à leurs spoliateurs.

Souvenirs d'un confrère. — Mieux vaut l'honneur que l'argent. — Le Valais n'était pas à vendre ! — La mauvaise cause refusée à l'unanimité par tous les avocats d'un canton. — La spéculation ou la folie des injures. -- Nid de Vipères. — Les calomniateurs rivaux. — Le cousin de Basile.

Morale et charade. — Comme quoi une lettre, un demi-million et tous les administrateurs pamphlétaires de la Ligne d'Italie ne valent pas *les Misérables* de Victor Hugo.

TROISIÈME LETTRE

A Monsieur N......, avocat, à Berne.

Monsieur,

Quel est donc ce monde des gens d'affaires, en dehors de tous les autres mondes, ce nouveau monde interlope où l'on ne rencontre que des idées, des sentiments, des mœurs, des lois, une morale, étrangers à toutes les traditions, à toutes les règles acceptées dans les sociétés humaines? Quel est ce nouveau monde des manieurs d'argent, des boursiers, des accapareurs, des adorateurs du Veau-d'or, qui sacrifient à leur insatiable passion, à leur divinité infernale, leurs loisirs, leurs bonheur, leur dignité, leur conscience; qui lui sacrifient plus volontiers encore l'existence, le repos, la fortune des familles, et qui semblent vouloir absolument bannir de leurs habitudes, de leur religion, de leur cœur, toute justice, toute pudeur, toute vérité?

Quel est donc ce monde, des barbares où l'on fait litière des intérêts les plus sérieux, les plus sacrés, pour se préparer la moindre éventualité de lucre; où l'on brûlerait une chaumière pour se faire rôtir un faisan, où l'on ferait échouer un navire pour en recueillir quelques épaves, où l'on réduirait une ville en cendres pour satisfaire une haine de voisin?

Dans ce monde à l'envers l'on appelle la fourberie de la diplomatie, la mauvaise foi du savoir-faire, l'égoïsme de la prévoyance; l'on appelle concurrence et lutte l'attaque, le pillage du bien d'autrui; l'on appelle simples plaidoieries les pamphlets, les impostures, les calomnies.

Dans ce monde païen, l'on professe très-haut cette maxime: que la parole est donnée à l'homme pour mentir, pour tromper; que la fin justifie les moyens, que le succès est la mesure du droit, que l'or est le seul niveau du mérite et de l'honneur. Dans ce monde, le billet de banque est la plus haute puissance, la plus belle vertu, suivant le dire des manieurs d'argent qui prétendent triompher de toutes les puissances, de toutes les vertus; qui jugent d'après leurs propres tendances et leurs instincts effrenés, qui prétendent que nulle conscience, nulle position, nulle intelligence, nul scrupule ne saurait résister à l'argent; que l'argent doit vaincre tous les obstacles, abaisser tous les caractères, soumettre toutes les volontés, détruire tous les principes, corrompre toutes les consciences, ouvrir toutes les portes, faire tomber tous les voiles, violer toutes les convictions, toutes les vertus.

Disposés à tout vendre, ces manieurs d'argent croient que tout peut s'acheter: résolus à tout faire, ils osent tout demander. Passant leur vie dans la compagnie des traitants, dans le cercle des effrontés, dans les clubs des *risquons-tout*, dans les coulisses de l'agiotage, des spéculations aventureuses et des plaisirs faciles, ils ne croient pas à une autre manière de voir, de sentir et d'agir, ils ne croient pas à un autre monde.

Ils résument et concentrent toutes leurs sensations et leurs idées dans leurs appétits : parce que leur ventre est aussi vaste que dépravé, ils accordent tout à leurs convoitises, et parce que leurs désirs insatiables les conduisent sans cesse dans tous les marchés où l'on se procure les fortunes mobiles, les vituailles de haut goût, les affections tarifées, ils regardent le monde entier comme un immense bazar où tout se trafique, se prostitue, et, par leur langage, par leurs actes, par leurs bravades, ils affichent la prétention d'acheter la justice, les gouvernements et Dieu même.

Quel est donc ce monde bâtard en révolte contre les traditions les plus saintes, les droits les plus légitimes, les règles les plus élémentaires; ce monde où l'on dresse de telles embûches à la confiance, où l'on trame de semblables complots contre l'honneur, où l'on se rassemble ainsi en bande comme des loups pour attaquer une seule proie, comme des assassins pour rendre impossible toute résistance, comme des pirates pour capturer des navires inoffensifs? Quel est ce monde où, pour arriver à son but, l'on foule aux pieds toute équité, l'on abdique toute dignité; ce monde où, pour assouvir une soif insatiable de lucre, une débauche effrénée de jeu, l'on marche sur le corps d'un ami, l'on sacrifie l'avenir de ses enfants, l'on traîne dans la boue les affections les plus sacrées, où l'on ne rougit pas de calomnier ses amis, ses bienfaiteurs, ses proches et jusqu'à sa mère?

Quel est ce monde métis et marron où l'on détourne de leur destination et livre aux aventures, aux dilapidations les millions confiés; où les mandataires traitent les dépôts comme des propriétés, leurs mandants comme des serfs, où les tuteurs livrent au pillage et jettent au néant le patrimoine de leurs pupilles ; où, pour satisfaire les plus misérables calculs, les plus futiles ressentiments, l'on ruine des familles, l'on anéantit des fortunes, l'on condamne, l'on exécute, l'on jette à la mer des passagers confiants, parce qu'on les a conduits dans un écueil et qu'on les trouve *trop criards* quand ils se plaignent ?

Quel est ce monde moderne sans foi, sans loi, sans nom, où l'on brave tout respect humain, où l'on renie ses convictions, où l'on se rit des croyances, de la fidélité aux engagements; où l'on ne croit pas à l'abnégation, où l'on insulte à l'enthousiasme, où l'on blasphème le pieux sentiment du devoir?

C'est un monde inconnu à la Suisse, un monde impossible dans nos provinces françaises et que l'on ne trouve, Dieu merci, que dans un seul quartier de Paris. Ce n'est pas, certes, le monde des salons, le monde de la littérature, de la science et des arts; le monde de la saine bourgeoisie. Ce n'est pas le monde de la politique, le monde de la haute finance, des grandes et loyales affaires; ce n'est point le monde du travail et de l'économie; ce n'est pas même le demi-monde, où du moins, d'après certains observateurs, l'on rencontre parfois le cœur à défaut de morale.

C'est le monde de l'égoïsme, de l'avidité, de la possession à tout prix; le monde des appétits sans frein, des calculs sans pitié, des témérités sans vergogne.

C'est un monde corrompu, c'est un monde immonde, c'est le dernier des mondes. Il n'est pas toujours facile de reconnaître les rivages et les limites d'un tel monde : malheur au passager, au capitaine, au bâtiment qui s'y trouvent jetés par un vent funeste! Comme ils doivent bénir la brise propice ou les nouveaux navires qui viennent les dégager! Mais, lorsque le vaisseau a touché l'écueil, n'est-ce pas un devoir, une nécessité de le radouber et de le remettre à flots pour gagner la pleine mer? Résignez-vous donc, Monsieur, avec nous, à rester encore en observation devant ce monde sauvage des antipodes, et poursuivons l'étude de quelques exploits, de quelques caractères qui en sont originaires ou méritent bien d'y fixer leur séjour.

Les traités d'entreprise ont été pour vos clients parisiens un champ fertile qu'ils ont exploité avec une perfidie infernale.

Vous verrez, en lisant les *citations* que nous avons formulées contre eux, comment ils ont à dessein mêlé tous les traités, confondu toutes les dates, introduit même et dénaturé sciemment des actes authentiques entièrement étrangers au chemin de fer; comment ils ont entassé des allégations sans preuves, des fictions sans vraisemblance, des affirmations démenties par les pièces mêmes qu'ils produisaient, et vous regretterez, Monsieur, d'avoir admis trop facilement les insinuatións déloyales qui sont articulées par eux, uniquement pour les personnes n'ayant aucune connaissance de l'histoire et des actes de cette affaire.

Ces manieurs d'argent incriminent des traités d'entreprise qu'ils appellent traités secrets, parce qu'ils portent le nom de *conventions verbales*. Ils mettent sur le tapis des centaines de mille francs, des millions; puis, comme des saltimbanques, ils les groupent, les séparent, les remêlent, ils les font danser devant le public, ils les font paraître et disparaître sous leurs gobelets; avec la même muscade, ils envoient deux ou trois muscades sous le même gobelet, puis dix, douze, quinze; ils les transforment même en boules, en boulets, en ballons, en rouleaux de louis de carton, en paquets de billets de banque : leur gibecière charlatanesque est inépuisable.

Ils annoncent ensuite au public qu'ils vont faire trouver quelques-unes de ces muscades dans les poches de MM. Claivaz et de La Valette.

Pendant tous leurs tours de passe-passe, toutes leurs cabrioles de muscades et de chiffres, ils ont étourdi la foule par toutes espèces de billevesées, d'âneries, d'arguties, de contes bleus, ils ont montré plusieurs fois les muscades, les rouleaux de carton, les contrefaçons de la banque : ils les ont comptés : tout cela existe donc bien, ce sont les pièces, les preuves authentiques; puis tout à coup plongeant chacune de leurs mains dans les poches de MM. Claivaz et de La Valette, ils en retirent deux, quatre rouleaux de carton, six, dix paquets de fac-similé de cent mille francs, le tour est fait. Et quelques badauds de s'écrier : « Vous voyez bien que toutes ces belles richesses étaient dans les poches des deux fondateurs, puisque les escamoteurs viennent de les y trouver. »

Les anciens administrateurs ne le cèdent en rien aux charlatans de place publique, ils manient avec autant de dextérité et de verve l'escamotage, les contes, les inventions, les mensonges; ils retirent de la poche qu'ils veulent calomnier les trésors postiches qu'ils y ont placés dans un tour de main; et ils montrent au public leur prétendue découverte, espérant qu'ils trouveront toujours bien quelques badauds pour les croire, espérant aussi que tous les assistants, tous les lecteurs ne reconnaîtront pas ou ne sauront pas qu'ils sont des charlatans.

Vraiment, quand on écoute les propos de ces ci-devant administrateurs de la ligne d'Italie; quand on lit les libelles, les
diatribes de ces escamoteurs anonymes, l'on est tenté de
croire qu'ils ont préparé leurs fables pour des tréteaux no-
mades, qu'ils n'ont écrit que pour la foire.

Oh! messieurs les charlatans, il faut vraiment que vous
comptiez bien sur la méchanceté ou la bêtise humaine, pour
imprimer de pareilles stupidités!

Il faut que vous soyez singulièrement grisés par vos ressentiments, par vos calculs, par l'habitude et le besoin du
mensonge, si vous avez cru que la calomnie qui fait son chemin sur l'aile des commérages parce qu'elle est insaisissable
et ne rencontre que des contradictions vagues, pouvait aussi
impunément être livrée à l'impression : l'impression peut for-
tifier et grandir pendant quelque temps la calomnie; mais elle
permet du moins de la saisir, de la démasquer, de la dépouiller, de la frapper des verges de la vérité et de la clouer avec
ses auteurs au pilori de l'opinion publique.

Dans les deux pamphlets, l'on fait bien les efforts pour
laisser croire à des traités secrets : pour donner plus de valeur à ces insinuations, l'on relève avec affectation ce mot de
conventions verbales, l'on insiste sur ce mot, et il donne le
prétexte à toute espèce de passe-passe et de tours d'escamotage.

— Des *conventions verbales*, vous dit-on, sont des conventions mystérieuses que l'on veut cacher, des conventions secrètes qui révèlent la tromperie. Est-ce que l'on traite verbalement des affaires de millions? Si l'on a fait des traités
verbalement, ce sont évidemment des conventions suspectes
que l'on veut se réserver au besoin de ne pas faire connaître.

Quels sont donc ces singuliers traducteurs, ces tortueux
commentateurs, qui jouent cet infernal jeu de travestir, de
torturer le mot de *conventions verbales*, un contrat si parfaitement connu dans les affaires et la jurisprudence?

Remarquez-le bien, Monsieur, ce sont des avocats de Paris,
des hommes de finances, des administrateurs de chemins de
fer, parfaitement au courant des différentes sortes de traités,
que l'on peut faire en France. C'est un avocat de Genève,
également familiarisé avec les traités français, et qui, ayant
fermé son étude depuis quelques mois sans doute pour étudier

cette mauvaise cause si compliquée, est exclusivement l'agent des anciens administrateurs de la ligne d'Italie, leur faĉtotum.

Ces insinuations, ces commentaires, à propos de conventions verbales, exciteront en France, contre la mauvaise foi des anciens administrateurs, un sentiment d'indignation. Il n'en faut pas davantage pour faire juger la valeur de leurs attaques et pour démontrer qu'ils ont eu l'intention préméditée de vous tromper, de tromper avant toute réponse le Conseil fédéral, de tromper surtout le public en Suisse, où l'on pouvait supposer que le nom de *conventions verbales* était complétement inconnu.

Quand je me reporte à votre Mémoire, Monsieur, je dois penser en effet que les traités non enregistrés ne portent pas en Suisse le nom de conventions verbales.

Me voilà donc condamné à vous faire un petit cours de contrat commercial en France; rassurez-vous cependant, je ne vais pas vous réciter tout le chapitre du code sur les contrats. Mais plaignez-moi d'être tenu d'employer, à mon passage à Berne, mes journées à de pareilles rectifications.

Le temps est splendide aujourd'hui, Monsieur, le soleil de Janvier ressemble à celui des premiers jours du printemps, je meurs d'envie de laisser là mes escamoteurs; d'envoyer au diable, qui les inspire, vos clients et leurs calomnies, et d'aller explorer votre séduisante cité de Berne; je meurs d'envie d'aller étudier les différentes étapes de son accroissement et de constater, malgré les incendies qui l'ont dévorée plusieurs fois, les souvenirs de chaque époque du développement de la Ville fédérale.

Berne, qui compte depuis tant de siècles parmi les plus jolies villes de l'Europe, est si gracieusement assise dans cette presqu'île élevée, baignée par l'Aar, entourée de ravissants coteaux et permettant de voir à l'horizon le panorama de l'Oberland qui s'élève en immenses gradins jusqu'au sommet des Alpes bernoises et montre sur ces crêtes gigantesques les plus splendides perspectives. N'est-ce pas avec juste raison que l'illustre Humbold classait Berne, après Naples et Constantinople, pour les sites et les panoramas qui l'entourent?

Oh! Monsieur, que les hommes sont méchants et stupides, quand ils privent leurs semblables et ne savent pas jouir pour eux-mêmes de toutes les magnificences de la nature, de tous les trésors que Dieu a prodigués à nos regards partout sur la terre, et principalement en Suisse, comme pour mieux nous faire sentir toute la laideur des mauvaises passions, toute la duperie des tracas d'affaires, tout l'odieux des luttes et des guerres civiles!

Que je voudrais donc, Monsieur, pouvoir faire en ce moment une excursion dans l'Oberland, au lieu de griffonner ici un inventaire des divers contrats de société!

Toutes les conventions entre contractants en France se font par acte authentique ou par sous-seing privé.

La France, Monsieur, est bien loin des temps primitifs où la mémoire ne trahissait jamais la parole. Dans ces temps de probité et de vertu, vos clients n'auraient certainement pas trouvé un seul badaud pour les croire, et je ne sais pas trop ce qu'on aurait fait d'eux, ce qu'ils auraient fait eux-mêmes : songez donc, Monsieur, ce qu'ils seraient devenus, comment ils auraient pu dépenser leurs loisirs à l'époque de l'âge d'or, sous le règne antique de la justice et de l'innocence! Pas de *conventions verbales* à incriminer, pas de lettres anonymes à écrire, pas de libelles à concerter, pas de jetons de présence, pas de jeux de bourse à réaliser, pas d'actionnaires à exécuter. Les traités sur parole ne sont plus de notre époque peut-être trop civilisée. Traiteriez-vous, Monsieur, sur parole, comme les Arabes, surtout pour des millions avec vos commentateurs du mot *conventions verbales?* Il est permis d'en douter. Je ne prétends pas dire pour cela qu'il ne se trouve point d'arabes parmi vos clients de Paris.

L'acte authentique proprement dit est fait par-devant notaire, et il est toujours enregistré.

L'acte sous seing-privé peut devenir authentique après enregistrement par un dépôt chez un notaire ou par un jugement.

Avant la loi qui permet d'enregistrer moyennant un droit fixe de cinq francs tout contrat commercial, le droit proportionnel d'enregistrement faisait que le plus grand nombre des actes sous seing-privé n'étaient pas enregistrés, surtout lorsqu'il s'agissait de sommes considérables.

Cette branche du revenu public perdait beaucoup par suite des dépenses draconiennes du droit proportionnel que chaque contractant s'efforçait d'éviter; mais les tribunaux ne manquaient pas de saisir tous les traités qui leur étaient mentionnés dans un procès, et alors il y avait double droit.

Cependant ils usaient d'une certaine tolérance, lorsque les sommes importantes mentionnées au traité expliquaient assez l'absence d'enregistrement.

Toutes les fois qu'un contrat n'est pas enregistré, les avocats, les officiers ministériels sont dans la nécessité de lui donner le nom de *conventions verbales;* c'est le terme consacré, et il existe des milliers de contrats toujours désignés par ce nom.

Le nombre en est cependant diminué depuis que récemment le droit fixe de cinq francs appliqué aux traités de commerce ne justifie plus la nécessité d'échapper aux charges d'un acte qui devenait autrefois si onéreux.

Les traités dont parlent les libelles sont antérieurs à cette loi, et c'est pour cela que dans les actes authentiques ils ne sont jamais désignés que sous le nom de *conventions verbales*.

Le traité de 12,500,000 francs, fait avec MM. Hunebelle et Ardon en 1853, puis en 1854 avec MM. Peaucellier et la Société en participation, pour exécuter des travaux avant la formation du capital; puis le dernier traité qui écarte tous les prétendants au traité d'entreprise, qui le laisse définitivement aux mains de M. Hunebelle soutenu par M. Delahante, ont été faits par des *conventions verbales* et ils sont encore à l'état de *conventions verbales*, si MM. Delahante et Hunebelle ne les ont pas fait enregistrer en profitant de la nouvelle loi.

Ces *conventions verbales* ont été approuvées par un procès-verbal du Conseil d'administration au mois de Février 1857 et par les procès-verbaux des assemblées générales de 1857 et 1858.

J'ai peut-être bien tort, Monsieur, de citer un *procès-verbal,* des *procès-verbaux,* pour soutenir l'authenticité, la valeur, la franchise des *conventions verbales* du traité d'entreprise.

N'y a-t-il pas à craindre en effet que vos clients, dans un nouveau libelle, ne viennent travestir ce mot de *procès-verbal* et ne se moquent de nous, comme ils l'ont déjà fait du public, en jouant sur le mot? N'y a-t-il pas à craindre qu'en continuant leurs exercices d'escamotages et leurs écrits, boniments et harangues à la Mangin, ils n'insinuent qu'en invoquant un procès-verbal pour donner de la valeur à des *conventions verbales*, je ne fais qu'augmenter les charges contre M. Claivaz et contre moi et aggrave les ténébreux mystères des *conventions verbales*.

N'iront-ils pas dire aux badauds : « Vous voyez bien que MM. Claivaz et de La Valette ont des choses graves à se reprocher, et que tout cela n'est pas clair. Ils invoquent un procès-verbal, des procès-verbaux qui ont ratifié le traité d'entreprise; mais il n'y a pas eu de *procès* avec la Compagnie, et comprend-on un procès qui est fait *verbalement*? Ce procès fait verbalement, confirmant douze millions de traité, c'est grave, c'est très-grave! » ajoutera M⁰ Raisin dans sa plaidoirie.

Vous riez, Monsieur, et vous trouvez que ce mot *procès-verbal* ainsi commenté serait une mauvaise plaisanterie. Celle des *conventions verbales* est-elle meilleure? Laissons donc cette odieuse et méchante plaisanterie des *conventions verbales* qui m'a forcé de vous faire un petit cours d'enregistrement. Laissons aussi d'autres procès-verbaux qui pourraient m'entraîner à des citations, à des actes d'accusation que je me réserve de porter contre vos clients dans une autre lettre.

Avez-vous souvent, Monsieur, rencontré dans les procès ou les luttes, de telles débauches de mauvaise foi que n'oseraient pas commettre deux paysans normands, et comprenez-vous combien la modération est difficile lorsque l'on trouve à chaque page, à chaque ligne de tous ces pamphlets, la même audace, la même impudence pour tromper l'opinion publique? L'on se sent vraiment écœuré d'avoir à expliquer de telles niaiseries, de semblables turpitudes.

Je suis effrayé du développement qu'exige une réfutation, de ce qu'il faut dire de vérités, de ce qu'il faut griffonner de pages pour démontrer le mensonge et la noirceur de quelques mots, de quelques lignes calomnieuses; il est vrai qu'un coup de poignard, un verre de poison sont bientôt donnés, et combien de jours, combien de mois ne sont-ils pas souvent nécessaires pour obtenir la guérison?

Vous faites partie, Monsieur, d'une grande Assemblée politique de la Suisse : eh bien! si ma réfutation vous paraît trop longue, songez que les Conseillers fédéraux sont fréquemment obligés à entendre de vos amis des discours plus abondants encore et moins justifiés. Prenez exemple sur leur patience pour m'écouter jusqu'à la fin.

Songez aussi, Monsieur, que ce n'est pas moi qui ai découvert tant de mystères suspects, et de si louches intentions dans les *conventions verbales*.

Laissons de côté tout examen plus complet de cette première tromperie, de cette première des fourberies que ma lettre a pour but de démasquer : laissons là cette première parade de voltiges risqués, de passe-passe impudents, de travestissements odieux sur la qualification des traités d'entreprise.

Venons à la seconde fourberie, sur les dates de vos clients : il faut bien s'attendre de la part de tels bateleurs aux mêmes escamotages, aux mêmes cabrioles sur les jours, sur les mois et les années. Soyez persuadé que les folliculaires, les jocrisses, les queues-rouges qui leur servent de compères auront bien su en tirer parti dans leurs parades.

Vous avez dû remarquer déjà avec quelle perfidie l'on confond à dessein toutes les dates, l'on fait danser, sauter, en arrière, en avant, toutes ces dates, de même qu'on a fait voltiger les chiffres et les traités. On dénature, on invente des traités, on donne comme définitifs de vagues projets, dont on travestit toute la signification et l'objet; vous savez même comment on introduit des négociations et des ventes de propriété qui ne touchent en rien à la ligne d'Italie.

Vous n'avez pas perdu de vue, Monsieur, que la Compagnie anonyme de la ligne d'Italie a été constituée seulement en Avril 1856.

Il faut, par conséquent, distinguer les traités qui ont été faits avant et depuis la constitution de la Société.

Avant la constitution de la Société, les concessionnaires des chemins de fer de la ligne d'Italie étaient maîtres de leurs concessions, c'était leur propriété; ils avaient la responsabilité des cautionnements, des frais d'étude, de l'organisation, des premiers travaux. Ils prenaient telles dispositions qu'ils croyaient utiles avec des entrepreneurs, ils se faisaient entrepreneurs eux-mêmes si bon leur semblait, ils acceptaient des associés, et s'ils ne voulaient pas se charger de la construction, il leur fallait bien traiter avec des constructeurs et cela, avant 1856, par *conventions verbales*, pour ne pas payer soixante mille francs d'enregistrement.

Lorsque la société fut constituée en 1856, il ne devint pas possible de déchirer tout ce qui avait été fait pour arriver à cette constitution. Si d'ailleurs le traité à forfait garantissant l'exécution de 64 kilomètres à deux cent mille francs par kilomètre, c'est-à-dire à un prix inférieur à la moyenne des chemins de fer français, était sérieusement préjudiciable à la société, si le prix était trop élevé, c'était aux administrateurs à ne pas accepter cette responsabilité au moment de la constitution de la Compagnie.

Les administrateurs qui ont accepté ce forfait, ce traité d'entreprise, n'ont-ils pas bien mauvaise grâce à les incriminer quatre années après leur acceptation?

Les accusateurs ne peuvent nier que les traités d'entreprise aient été votés en conseil d'administration; les administrateurs ne seraient-ils pas bien coupables d'avoir voté des traités illicites? Ne seraient-ils pas bien légers de ne point s'être enquis de l'origine et de l'époque des conventions d'entreprise?

Il y a donc tromperie de vos clients sur les dates.

Il y a aussi tromperie sur la nature et les clauses des traités.

Et d'abord écartons les traités du Chablais et de l'Ossola dont il ne reste plus rien, et laissons par conséquent toutes les répartitions que pouvait avoir à faire M. Peaucellier et compagnie.

Si d'ailleurs, au milieu de tant d'inventions et de mensonges, il n'était pas complétement superflu de réfuter de sottes attaques à propos de projets de traités, de contrats qui n'ont eu aucune suite; s'il ne devenait pas vraiment fastidieux pour tous de combattre ainsi dans le vide, de voir pourfendre des moulins à vent fantastiques, bâtonner des fantômes, crever des bulles de savon, il y aurait une longue lettre assez singulière peut-être à vous adresser sur certaines combinaisons relatives au Chablais et à l'Ossola, dont les concessions du reste ont été abandonnées gratuitement à la Compagnie.

Tout ce qui touchait de près ou de loin aux traités ou conventions avec M. Paucellier a été résolu par l'arbitrage de l'ingénieur en chef de la Compagnie, qui a tout réglé moyennant une indemnité que MM. Delahante et Hunebelle, *entrepreneurs définitifs*, s'étaient chargés de payer à M. Peaucellier et compagnie. Cette indemnité a été partagée ensuite par un, syndic et un tuteur. Les escamoteurs du Conseil le savent bien il n'y a donc pas la moindre place pour une insinuation. Explique qui pourra toutes les grandes largesses que l'on veut attribuer à M. Peaucellier sans l'intervention du syndic et du tuteur des enfants de son associé.

Ainsi néant du fait de M. Peaucellier : les vingt ou vingt-six mille francs qu'il a versés dans la création du chemin de fer en 1854 et qui ont été employés en frais d'administration, de plans et de travaux, lui ont été rendus avec son indemnité; n'en parlons plus.

Reste la société en participation : ici la fourberie serait bien plus évidente encore, s'il était possible.

Vous n'êtes pas forcé de lire cette nouvelle explication, si elle ne vous divertit pas plus que moi. Les mêmes tours d'escamotage renouvelés par les mêmes saltimbanques doivent finir par lasser le spectateur.

Les prétendus bénéfices réalisés sur la société en participation peuvent aller rejoindre l'ingénieuse invention des sept mille actions *à tiroir*, réservées au Valais : cette histoire risquée, ce saut périlleux de l'exonération du Valais. Ils peuvent prendre place à côté de ce fameux compte de crédit et de débit additionnés pour enfanter une dette chimérique, à côté des cinq cent mille francs, prix d'une propriété vendue par M. de La Valette, dont les empoisonneurs ont trouvé moyen de faire un pot-de-vin frelaté.

Comment! Voilà trois ou quatre associations d'entrepreneurs qui tiraillent un traité chacun de leur côté! Quel que soit le vainqueur, la Compagnie paiera la même somme de douze millions. C'est à la Société en participation que devait appartenir en dernier ressort ce traité; ces administrateurs de calomnies ont insisté pour que le traité retournât à MM. Hunebelle et Delahante, avec la prétention assez naturelle que la notoriété et le crédit de tels entrepreneurs seraient profitables à la Compagnie.

En quoi peut-on incriminer les fondateurs au sujet de cette cession, et comment prouve-t-on qu'ils étaient intéressés dans la participation, qu'ils en avaient la plus grande partie? Mais s'ils étaient maîtres absolus des traités lorsque les vingt-cinq millions ont été réunis; si de plus, ce sont des spéculateurs avides, il faut en même temps qu'ils soient bien niais, bien stupides!

Comment! ils ont en main un traité de douze millions sur lequel ils peuvent gagner deux millions d'après la brochure, un traité complémentaire sur série de prix pour le Haut-Valais, par conséquent environ vingt millions au moins de travaux assurés, et ils se conforment au désir du Conseil et ils se contentent, d'après le dire des accusateurs, d'une indemnité qu'il faudra tout au moins partager, puisqu'il y a une quinzaine de personnes dans la participation!

Mais, dira-t-on, ils ne pouvaient être directeurs et entrepreneurs; sans doute, mais la direction a-t-elle donc tant de charmes et le Conseil d'administration tant d'attraits? L'on connaît maintenant, du reste, les charmes et les félicités du Conseil et de la Direction.

Dans tous les cas, puisque ce sont des hommes avides, comment abandonnent-ils deux millions, trois millions, suivant l'opinion des pamphlétaires, et cependant la société de Laterrière et Legrand Duruflé n'est qu'un mythe, dit-on, la société toute entière est personnifiée dans M. de La Valette.

Ainsi pour être l'un des trois Directeurs, pour plaire au Conseil, M. de La Valette aurait ainsi abandonné deux millions, et l'on proclame cependant qu'il est avide!

Vous le voyez, Monsieur, l'imposture et les calomnies ne sont pas si faciles à charpenter qu'on peut le supposer, et devant la lumière de l'examen les fantômes du mensonge s'évanouissent rapidement.

Personne n'ignore qu'il existait, au moment de la constitution de la Compagnie et de la formation du capital, une société en participation, composée d'une quinzaine de personnes, qui avaient pris au sérieux leur traité puisqu'elles avaient déjà dépensé des sommes importantes.

En donnant à M. Hunebelle une indemnité prévue de 192,000 francs, en faisant régler par arbitre ou par le tribunal de commerce les prétentions de M. Peaucellier, cette société était maîtresse du traité d'entreprise qui lui était consenti depuis deux ans.

Nous avons vu que le Conseil préférait avoir pour entrepreneurs MM. Delahante et Hunebelle frères; la négociation était difficile, plusieurs des administrateurs se sont interposés et ce n'est qu'après de longs et nombreux pourparlers que la conciliation s'est faite et que le traité de la société en participation a été annulé.

Mais MM. Delahante et Hunebelle frères ont été obligés de donner une indemnité; alors les calomniateurs disent : « C'est M. de La Valette qui a bénéficié d'une grande partie de cette indemnité »

Et d'abord l'indemnité n'a pas été secrète, puisqu'elle a été payée à la caisse même de la Compagnie au compte des entrepreneurs bien entendu, et que M. Delahante a déclaré ne vouloir me faire à cet égard aucune avance.

Cette indemnité a été débattue pendant huit mois; car les participants ne voulaient pas céder leur traité, et tout le monde a été obligé de s'en mêler un peu. Pendant ces huit mois M. de La Valette était souvent absent, par conséquent il n'était pas toujours l'intermédiaire des négociations, comme on l'a dit.

Et vous osez prétendre que M. de La Valette a profité de la plus grande partie de cette indemnité!

Mais s'il pouvait, en face des membres de la société en participation, profiter de l'indemnité, malgré la situation des choses ne pouvait-il pas tout aussi bien garder le traité d'entreprise?

Vos clients, je le sais, ne se piquent pas de logique; mais au moins faut-il ne pas fouler aux pieds toute vraisemblance.

Les administrateurs savaient parfaitement que la société en participation était composée d'une quinzaine de personnes dont ils ont eu assez de peine à concilier les prétentions, à calmer les justes mécontentements, et l'on veut que cette société en participation, constituée depuis deux ans par acte enregistré, depuis ans propriétaire du traité d'entreprise, non-seulement consente à une résiliation, mais laisse encore la presque totalité de cette réalisation à celui qu'ils accusent de ne pas assez défendre leurs droits devant les exigences du Conseil.

Ainsi, voilà une quinzaine d'associés qui ont fait des dépenses considérables, alors que tous les entrepreneurs avaient renoncé à courir des risques dans la ligne d'Italie; une quinzaine d'associés qui possèdent un traité de douze millions pouvant monter à trente millions de travaux si la ligne entière est faite, qui peuvent espérer de deux à trois millions de bénéfices s'il est reconnu que l'on accorde un dixième aux entrepreneurs.

Et lorsque le capital de la Compagnie est réalisé, lorsqu'il n'y a plus d'obstacles pour eux, lorsqu'ils vont enfin obtenir la récompense de leurs sacrifices et de leur persévérance, c'est dans ce moment-là que M. de La Valette, pour se conformer aux exigences du Conseil, pour en satisfaire les préférences, obtient de la société en participation la renonciation aux bénéfices légitimement espérés, et cela en faisant accepter une indemnité dont la division entre tant de participants formera des parts peu séduisantes; et c'est lorsqu'une pareille renonciation a créé des mécontentements violents, lorsque ces mécomptes ont justement aigri les personnes ainsi mises de côté; c'est après huit mois de luttes pour obtenir ces renonciations exigées par le Conseil, que M. de La Valette viendra dire à ces participants : « Vous avez un traité parfaitement en règle, qui vous donne droit à tous les travaux de la ligne; vous avez couru de grands risques; vous avez le droit, moyennant une indemnité fixée d'avance pour MM. Hunebelle et Compagnie à 192,000 francs, de rester maîtres du traité d'entreprise; mais il y a dans le Conseil plusieurs amis de MM. Delahante et Hunebelle frères, le Conseil préfère ces entrepreneurs.

» L'on ne veut vous accorder qu'une indemnité bien minime en raison des bénéfices que vous espériez, en raison de votre nombre. Vous m'accusez de vous avoir abandonnés dans cette question, de ne pas avoir imposé votre traité au Conseil, comme c'était mon droit de concessionnaire : eh bien! pour récompense de cet abandon, pour diminuer votre mécontentement, partageons encore cette indemnité ou plutôt laissez-moi, comme le dit si élégamment le Mémoire au Conseil fédéral, *empocher* la plus grande partie de cette indemnité. »

Les calomniateurs oublient, bien entendu, de dire que, bien loin d'avoir bénéficié de cette indemnité, il a fallu prendre sur l'apport social pour apaiser toutes les exigences et suppléer à l'insuffisance de l'indemnité consentie par les possesseurs définitifs du traité d'entreprise.

Il est vrai que leur mémoire se fait volontiers la très-obéissante servante de leurs caprices et de leurs passions. N'est-ce pas avoir attendu bien longtemps, quatre années entières, pour incriminer des traités qu'ils avaient si longtemps discutés il y a quatre ans; des traités qui ont subi à cette époque l'investigation la plus minutieuse de tous les procès engagés, de tous les intérêts contrariés? Si l'on pouvait trouver un seul coupable dans ces traités, ne faudrait-il pas qu'ils en fussent les complices?

Vous devez, Monsieur, commencer à y voir un peu clair dans ce labyrinthe ténébreux des machinations tramées et concertées par les exécuteurs des cinquante mille actions de la Compagnie, par les bannis du Valais, par les révoltés contre le gouvernement qui a donné les concessions à la Compagnie, qui veut protéger les capitaux engagés et assurer l'exécution de la ligne entière.

Vous devez comprendre et apprécier maintenant la guerre faite aux fondateurs de l'entreprise; aux défenseurs des actionnaires, qui ne pouvaient transiger lorsque l'on voulait confisquer, dans les circonstances les plus déplorables, les deux tiers des souscriptions qui avaient eu confiance dans la ligne d'Italie; lorsque l'on s'obstinait depuis dix-huit mois à maintenir dans la commandite d'une maison de banque et dans les placements de bourse les millions versés pour la construction du chemin.

Votre loyauté a dû tressaillir d'indignation, le rouge a dû vous monter au visage, lorsque vous avez vu combien vous aviez été trompé, lorsque vous avez pu reconnaître que vous étiez la dupe d'une coalition que je n'ai plus besoin de qualifier.

L'on m'assure que déjà, Monsieur, au premier soupçon vous aviez éprouvé quelque regret d'avoir eu tant de confiance dans vos clients parisiens. Personne ne sera donc surpris de vous voir imiter la noble détermination de l'intègre M. Paillet; de vous voir rompre avec les empoisonneurs, refuser d'être plus longtemps leur prête-nom, rayer votre signature sur leurs calomnies, déchirer leur procuration, refuser de combattre à leurs côtés l'un des gouvernements de la Suisse, et conquérir pour votre vie publique et pour votre carrière du barreau, une situation qui doit vous assurer la confiance et le respect de tous les partis politiques et de tous les intérêts civils.

Lorsque le gouvernement du Valais, justement ému des dilapidations de *l'administration inqualifiable* qui perdait la Compagnie, s'est occupé des moyens d'y mettre un terme; lorsqu'il a convoqué le Grand Conseil pour demander un acte législatif de protection voté à l'unanimité, c'est en vain que vos clients, après avoir proclamé d'avance qu'ils étaient en mesure d'acheter tout le Valais, ont cherché un avocat pour y défendre leur cause: leurs offres, leurs instances ont été repoussées; il faut le constater pour l'honneur éternel du Valais, pas un seul avocat n'a voulu accepter leur dossier.

Dans les principaux pamphlets inspirés, écrits ou colportés par les ci-devant mandataires de la ligne d'Italie, l'on a déjà vu deux gigantesques calomnies, deux magnifiques spécimens des plus fantastiques échafaudages que puissent combiner et dresser, dans leur rage insensée, des ennemis qui ne veulent reculer devant aucun moyen.

Il me paraît inutile d'insister auprès de vous sur la réfutation de ces deux calomnies qui couronnent l'œuvre des pamphlétaires.

L'une d'elles attaque plus particulièrement l'honorable M. Claivaz, l'ancien président du Conseil d'État du Valais. Elle consiste dans les 200,000 francs Batisse dont j'ai déjà parlé. S'il les a reçus, j'ai dû partager avec lui, dit-on : à ce double titre, pour mon ami et pour moi j'aurai bien le droit d'en dire quelques mots.

L'autre se rapporte à une bagatelle de cinq cent mille francs qui m'aurait été donnée le 18 Juillet 1856, trois mois après la formation définitive de la Compagnie, par MM. Chaney et Chauffriat comme pot-de-vin; cinq cent mille francs qui auraient été prélevés sans doute sur sept ou huit mille francs de fourniture d'outils, la seule fourniture que les usines de MM. Chaney et Chauffriat aient livrée aux entrepreneurs ou à la Compagnie.

Ce marché fantastique, ce monstrueux pot-de-vin payé d'avance cent mille francs de mois en mois, avec une garantie de quatre millions consentie par-devant notaire, est certainement le digne bouquet de tant d'inventions et de calomnies absurdes: c'est le chef-d'œuvre de vos équilibristes, c'est la plus belle des jongleries de vos banquistes et avaleurs de sabres, c'est le plus insolent défi jeté à la crédulité ou à la bêtise humaine.

Quand vos clients ont inventé, charpenté, badigeonné cette

ridicule imputation, cette méchante plaisanterie; quand ils ont combiné ces jongleries, ils ont obéi à un singulier vertige ou à une étrange rage, s'ils n'ont pas voulu se moquer de la facilité des actionnaires et du public, peut-être même de la confiance de leur avocat.

Je croirais vous faire injure, Monsieur, en considérant comme nécessaire de vous adresser une quatrième lettre pour achever de porter la conviction dans votre esprit et dans vos sentiments sur la valeur de vos clients de Paris, sur la portée de leurs assertions.

Je tiens cependant à votre disposition tous les documents et renseignements que vous pourrez désirer. Encore un peu de temps, du reste, et votre correspondant et confrère de Genève vous en dira plus que moi sur vos commettants.

Si vous lui demandiez maintenant ce qu'ils valent, il vous répondrait dix millions; mais ces millions vont passer de la commandite de la banque à la construction du chemin de fer sous la protection du gouvernement du Valais.

Si vous vous en référez alors à Maître Raisin, et si vous lui demandez, en guise de charade et de morale de tout ceci, ce qu'il les estime sans les millions, et comment l'on pourrait connaître au juste leur valeur, il vous répondra que, pour connaître cette valeur, il faudrait pouvoir les estimer.

Si j'adressais cette nouvelle lettre de réfutation à M. Monternault, il commencerait par rire de ma naïveté comme il rit quelquefois quand on lui dit: «Mais ce que vous affirmez là est un mensonge!»

Si je l'adressais à M. Achille Morisseau, il ne manquerait pas de prendre une de ses poses gentilhommières, il demanderait si on le croit capable d'une pareille calomnie lorsque surtout il s'est plus d'une fois informé, près de M. de La Valette, du paiement de la propriété vendue cinq cent mille francs à MM. Chaney-Chauffriat.

Si je l'adressais à M. de Bourmont, j'en recevrais une nouvelle lettre anonyme, et je le verrais tourner bien vite le dos, exactement comme on dit qu'il le présente lorsqu'il lui arrive d'y recevoir le timbre sec et la signature de ses lettres anonymes, toujours escortées d'une foule de dénonciations au parquet et à la Préfecture.

On n'impose pas silence à M. de Bourmont avec des rappels à l'ordre comme au 25 Septembre 1860, ou des avertissements comme depuis lors; il répète de plus belle: «Calomniez, calomniez, il en restera toujours quelque chose.»

De M. de Bourmont à Basile, il n'y a donc pas si loin! Ils doivent être cousins. Je pourrais adresser mon épître à Basile; mais Basile, Basile, c'est toujours le même monde, il me tarde de changer d'air et de compagnie. Décidément j'adresserai ma première lettre, renfermant ces cinq cent mille francs, au créateur de Basile, à l'inimitable Beaumarchais.

Ne croyez pas pourtant, Monsieur, que je la suppose digne du célèbre peintre de la calomnie. C'est par son sujet seul qu'elle peut être mise à l'adresse de Beaumarchais. Ne croyez pas davantage, Monsieur, que je porte sa valeur à la somme qu'elle renfermera.

Cette lettre et son demi-million, y compris tous vos personnages remis sur la sellette, ne vaudront certainement pas les *Misérables* de Victor Hugo achetés, dit-on, cinq cent mille francs par l'éditeur; cette lettre avec tout son contenu ne vaudra pas même un chapitre que le grand maître pourrait joindre à son œuvre en étudiant le groupe de vos clients parisiens. Mais cependant, — pardonnez-moi ma faiblesse d'auteur, — je l'estimerai toujours plus que tous vos pamphlétaires; car elle aura du moins le mérite d'être, comme celles qui l'ont précédée, l'interprète de la vérité.

J'ai l'honneur d'être, etc.

Cte Adrien de La Valette.

L'HISTOIRE DE LA LIGNE DE P...

LA VALLÉE DU RHÔNE ET LE SIMPLON

par M. ..., docteur en ..., etc.

La 6e série, contenant l'historique des *Luttes soutenues et à soutenir la Compagnie de la Ligne d'Italie*, se compose de quatre livraisons.

Première livraison

1° *Lettre à M. le Président Abdi.*
2° *Rapport au Conseil d'État du Valais.*

Deuxième livraison

1° *Première lettre au Conseil fédéral.* Questions d'origine, de nationalité, de domicile légal des Compagnies anonymes de chemin de fer.
2° *Deuxième lettre au Conseil fédéral.* Engagements de l'État du Valais et violation de ces engagements.
3° *Lettre à M. le Président Stämpfli.* Le séquestre, mesures conservatrices, droits inaliénables des gouvernements.

Troisième livraison

Trois lettres à un avocat de Berne.
1° Masques et profils des pamphlétaires de la ligne d'Italie.
2° Les comptes fantastiques.
3° Escamotages et fourberies de l'autre monde.

Quatrième livraison

Documents et pièces annexes.

SÉRIE DES LUTTES INTESTINES

TROISIÈME LIVRAISON

TROIS LETTRES
A UN AVOCAT DE BERNE

Première lettre: Masques et profils des pamphlétaires de la Ligne
d'Italie.
Deuxième lettre: Comptes fantastiques.
Troisième lettre: Escamotages et fourberies de l'autre monde.

GENÈVE. — IMPRIMERIE PFEFFER & PUKY, RUE KLÉBERG, 16.